우리는 모두 별에서 왔다

우리는 모두 별에서 왔다

서가
명강
09

138억 년 전 빅뱅에서 시작된
별과 인간의 경이로운 여정

윤성철 지음

서울대학교
물리천문학부 교수

21세기북스

이 책을 읽기 전에 학문의 분류

인문학
人文學, Humanities

언어학, 역사학, 종교학,
문학, 고고학, 미학, 철학

사회과학
社會科學, Social Science

경영학, 심리학, 법학, 사회학,
외교학, 경제학, 정치학

공학
工學, Engineering

기계공학, 전기공학,
컴퓨터공학, 재료공학,
건축공학, 산업공학

자연과학
自然科學, Natural Science

과학, 수학, 의학,
물리학, 생물학, 화학, 천문학

천문학
天文學, Astronomy

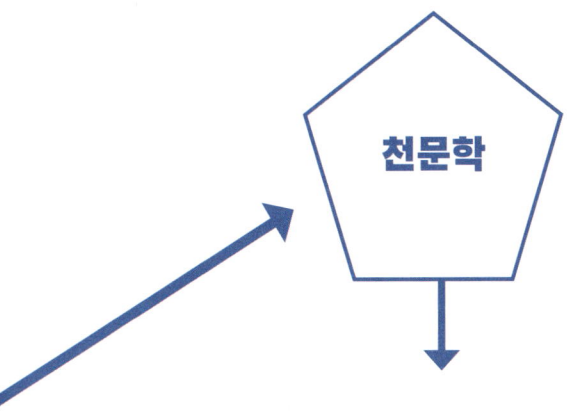

천문학이란?
天文學, Astronomy

인류 역사상 가장 오래된 학문 중 하나로 우주와 그 안에 있는 모든 천체를 연구한다. 지금은 물리학, 화학, 지질학, 생물학 등 다양한 학문과 융합하며 빅뱅으로 시작하는 우주의 기원과 진화, 그리고 외계 행성과 생명 등으로 그 대상을 확대해나가고 있다. 일반적으로 천문학의 연구 대상은 태양과 태양계, 항성, 성간물질, 은하, 블랙홀과 같은 것이지만, 우주적 관점을 통해 인류의 미래와 인간의 정체성을 다른 차원에서 한층 더 깊이 있게 성찰할 수 있는 기회를 제공하기도 한다.

이 책을 읽기 전에 주요 키워드

빅뱅우주론(big bang theory)

138억 년 전 고온과 고밀도의 한 점으로부터 시작한 거대한 폭발을 통해 팽창하는 우주가 탄생했다고 말하는 이론으로서 우주가 영원하고 무한하다고 말하던 '정상우주론'과 대척점에 놓여 있는, 현대 천문학의 중심이 되는 이론이다.

천동설(geocentric theory)

우주의 중심에 지구가 있고 태양과 별은 지구를 공전한다고 믿었던 우주관이다. 지구중심설이라고도 불린다. 고대로부터 중세까지 이어졌으나 여러 새로운 천문학적 발견에 의해 오류로 판명되었다.

지동설(heliocentric theory)

우주의 중심에 태양이 있고 모든 천체는 태양을 공전한다고 믿었던 우주관이다. 태양중심설이라고도 불린다. 고대 그리스에서부터 지동설은 꾸준히 제기되어왔지만 16세기 코페르니쿠스를 통해 본격적으로 발전하기 시작했고, 케플러와 갈릴레이의 발견을 통해 정설로 자리 잡게 되었다.

전자(electron)

물질을 이루는 가장 작은 단위의 기본 입자 중 하나로, 원자 안에서 음의 전하를 지닌다.

양성자(proton)

중성자와 함께 원자핵을 구성하는 입자로, 양의 전하를 가지고 있다. 양성자는 다시 기본 입자인 쿼크로 분해될 수 있다.

중성자(neutron)

양성자와 함께 원자핵을 구성하는 입자로, 전하를 가지고 있지 않다. 중성자는 다시 기본 입자인 쿼크로 분해될 수 있다.

원자(atom)

원자핵 주변을 전자들이 둘러쌓고 있는 구조를 갖고 있으며 일상적인 물질의 기본 단위다.

초신성(supernova)

쌍성계에 있는 백색왜성이나 태양보다 8배 이상 무거운 별이 죽어가는 순간 일어나는 거대한 폭발을 말한다. 이때 각종 원소들이 은하 혹은 별 사이의 공간으로 퍼져나가 성간물질이 된다. 이 성간물질에서 새로운 별들이 만들어지고, 이 과정은 반복된다.

우주배경복사(cosmic background radiation)

빅뱅 직후 뜨거웠던 초기 우주에서 분리된 채 자유롭게 움직이던 양성자와 전자가 우주의 온도가 떨어지자 서로 결합했다. 이때 전자와 상호작용하면서 물질에 갇혀 있던 빛이 자유롭게 우주 공간에 퍼져나가기 시작했는데, 이 빛을 우주배경복사라 한다. 우주 공간 어디에나 고루 퍼져 있으며, 빅뱅 직후 뜨거웠던 물질이 남겨놓은 흔적이다.

천문학에서 사용하는 단위들

우리가 일반적으로 사용하는 수학적 단위를 천문학에서 사용하면 숫자가 너무 커지거나 복잡해지기 때문에 다음과 같은 단위를 쓴다. ①**켈빈(K)**: 물질의 특이성에 의존하지 않는 절대온도, 0켈빈은 섭씨 -273.15도 ②**광년(ly)**: 빛의 속도로 1년이 걸리는 거리, 1광년은 빛이 초속 30만 킬로미터로 1년 동안 나아가는 거리 ③**파섹(pc)**: 시차가 1초에 해당하는 거리, 1파섹은 3.26광년 등.

차례

이 책을 읽기 전에	학문의 분류	4
	주요 키워드	6
들어가는 글	우주의 끝에서 인간을 만나다	11

1부 코페르니쿠스 혁명, 인간은 왜 우주의 미아가 되었는가

영원하고 변하지 않는 플라톤의 우주	19
완벽하게 아름다운 천동설에 균열을 일으키다	31
천문학의 발전과 인간 굴욕의 역사	49
Q/A 묻고 답하기	71

2부 빅뱅, 우주는 어떻게 시작되었는가

빅뱅을 발견해낸 과학자들의 위대한 질문	77
우주의 시작과 끝을 향한 지적 탐험	95
태초의 우주는 뜨겁고 조밀했다	114
우주가 남겨놓은 빅뱅의 흔적	128
Q/A 묻고 답하기	147

3부 별과 인간, 우리는 어떻게 만들어졌는가

작은 일탈에서 시작된 우주의 진화	153
아주 머나먼 과거, 인간은 별이었다	166
우리 안에 새겨진 우주의 장엄한 역사	184
Q/A 묻고 답하기	201

4부 외계 생명과 인공지능, 인류는 어디로 갈 것인가

생명의 씨앗이 지구에 떨어지기까지	209
외계 생명체의 존재를 믿는 합리적 이유	226
지구 밖의 생명체와 만날 준비가 되었는가	240
Q/A 묻고 답하기	260

나가는 글 우주의 한계와 가능성을 찾아서	264
주석	268
참고문헌	269

"인간은 별의 먼지에서 탄생했다. 인간의 몸 안에는 광활한 우주의 역사가 그대로 체현되어 있다. 우주의 진리는 평범한 인간 안에 있다."

들어가는 글

우주의 끝에서 인간을 만나다

별과 행성의 차이는 무엇인가? 천문학에 익숙한 이들에게는 진부한 질문이다. 근데 이 질문은 우리나라 말에 대한 예의가 아닌 듯해서 마음이 불편하다. 더 나아가 이 질문은 복잡한 세계를 한두 개의 잘 정의된 개념을 통해 이해하려는 시도의 한계 또한 보여준다.

표준국어대사전에 따르면 별이란 '빛을 관측할 수 있는 천체 가운데 성운처럼 퍼지는 모양을 가진 천체를 제외한 모든 천체'를 뜻한다. 우리말에서는 금성, 화성, 목성, 시리우스, 북극성, 별똥, 초신성 모두 별이다. 별의 의미는 이렇게 포괄적이다.

우리 조상들도 별이 다 똑같지는 않다는 사실을 잘 알고 있었다. 대부분의 별은 하늘에서 그 위치가 변하지 않고 고정되어 있는 것처럼 보이기에 이 별들을 붙박이별, 즉 항성^{恒星}이라 불렀다. 화성이나 목성 같은 몇몇 별은 지속적으로 움직이는 듯이 보이기에 떠돌이별, 즉 행성^{行星}이라 일컬었다. 이외에도 긴 꼬리 모양이 보이는 혜성은 살별이나 꼬리별, 초신성처럼 갑자기 밝게 빛나는 천체는 손님별이라 했다.

서구권에서는 붙박이별과 떠돌이별을 지칭하는 단어가 아예 다르다. 예를 들어 영어에서는 붙박이별을 스타^{star}, 떠돌이별을 플래닛^{planet}이라고 구별해 부른다. 이런 서구의 관례를 따라 스타라는 단어를 별이라고 부주의하게 번역해오다 보니 오늘날 한국에서 별이라는 단어의 의미는 붙박이별에 국한되어 사용되곤 한다. 서구의 플래닛으로는 한자 용어인 행성이 널리 사용되고 있다.

이런 용례가 이제는 더 이상 돌이킬 수 없을 만큼 널리 퍼져 있기에, 마음 아프지만 이 책에서도 편의상 '별'을 붙박이별에 해당하는 의미로 사용할 것이다. 독자들의 양해를 구한다.

다시 앞서 던진 질문으로 돌아가 보자. 별과 행성의 차이는 무엇인가? 학생들이 흔히 내놓는 답은 다음과 같다. "별은 스스로 빛을 내는 것, 행성은 태양 빛을 반사하는 것이요."

그럼 나는 이렇게 대답한다. "뜨거운 석탄도 스스로 빛나요. 여러분의 인체도 스스로 빛을 내고 있어요. 특히 적외선에서 여러분이 밝게 빛나죠. 지구나 목성도 마찬가지예요. 사실 이 세상의 거의 모든 사물은 전파, 적외선, 자외선 등 여러 파장에서 스스로 빛을 내고 있어요."

고등학생이나 대학생 정도 되면 자신의 논리가 허술했음을 깨닫고 이렇게 답을 수정한다. "별과 행성은 모두 스스로의 중력에 의해 묶여 있는 천체이고, 별 내부에서는 핵융합 반응을 통해 에너지가 생성되고 있지만 행성에서는 핵융합반응이 일어나지 않습니다."

교과서적인 좋은 답이다. 하지만 내 입장에서는 여전히 충분한 답이 아니다. "별 중심의 핵 연료가 다 소진해서 핵융합 반응이 끝나면 백색왜성이나 중성자별이 되겠죠. 이 단계에서는 더 이상 핵융합을 통한 에너지 생성이 일어나지 않지만 여전히 별이라고 부릅니다."

별을 간단한 문장으로 정의하기는 생각보다 쉽지 않다. 그 이유 중 하나는 별이 불변하는 고정된 실체가 아니기 때문이다. 별은 진화한다. 누군가 20년 전 모습을 근거로 당신을 함부로 규정하려 든다면 모욕감을 느낄지도 모른다. 21세기의 한국 사회를 일제 강점기의 모습으로 규정하려는 것과 같을 수도 있기 때문이다. 우리가 살아가는 세상은 계속 변하고 있다. 별과 우주도 마찬가지다.

우주가 시간에 따라 계속 진화한다는 사실은 현대 과학의 가장 위대한 발견에 속한다. 우주의 정체성은 100억 년 전과 현재가 다르다. 인간이 지구라는 행성에 존재하기 시작한 것도 이 거대한 우주에 변화가 있었기에 가능했던 일이다. 그렇다면 우리는 우주를 어떻게 이해하고 정의할 수 있을까? 그리고 인간은 우주에서 어떤 위치에 있는가? 우주라는 낯선 배경에 인간을 놓고 들여다보면 무엇을 볼 수 있을까? 이것이 이 책『우리는 모두 별에서 왔다』에서 독자들과 나누고자 했던 질문이다.

이 책은 서울대학교 교양과목인 〈인간과 우주〉 수업의 내용을 4회로 압축해 진행한 〈서가명강〉 강연에 근거한 것이다. 천문학에 입문하고 싶지만 어디에서부터 시작해야 할지 모르는 분들에게 도움이 되는 방식으로 내용을 구성했다. 그때의 현장감을 글로 다 담을 수 없는 아쉬움이 있지만, 서가명강팀에서 독자들이 쉽게 내용에 접근할 수 있도록 편집에 많은 힘을 써주셨다. 특히 이 작업을 기획한 장보라 선생님, 편집에 노고를 아끼지 않으신 강지은 선생님께 감사드린다.

2020년 01월
윤성철

1부 _____

코페르니쿠스 혁명,

인간은
왜

우주의 미아가
되었는가

고대인들에게 우주는 이데아의 영역이자 신의 영역이었고, 인간은 신에 의해 창조된 우주의 중심이었다. 그러나 실제 우주는 정적이고 영원하며 무한한 공간이 아니며, 인간은 우연히 만들어진 우주 변방의 생명체일 뿐이다.

영원하고 변하지 않는 플라톤의 우주

영원을 향한 탐닉

우리 만남은 수학의 공식 종교의 율법 우주의 섭리

내게 주어진 운명의 증거 (…)

너에게 내민 내 손은 정해진 숙명 (…)

걱정하지 마 love

이 모든 건 우연이 아니니까 (…)

우주가 생긴 그날부터 계속

무한의 세기를 넘어서 계속

우린 전생에도 아마 다음 생에도 영원히 함께니까[1]

방탄소년단의 〈DNA〉 가사 일부다. 방탄소년단 역시 사랑이 수학의 공식, 종교의 율법, 우주의 섭리처럼 필연적이거나 영원한 것이 아님을 잘 알고 있을 것이다. 이 노랫말은 은유에 불과하다. 하지만 이 은유에는 은연중에 우리 마음에 자리 잡고 있는 가치관이 담겨 있다. 영원불변하지 않으면 가치가 없고 진정한 사랑이 아니라는 생각. 우리의 만남이 결코 우연일 리가 없다는 믿음.

수많은 명언을 남긴 영화 〈봄날은 간다〉에서도 비슷한 모습을 볼 수 있다. 우리는 모두 유지태가 이영애를 향해 "어떻게 사랑이 변하니"라고 내뱉는 장면을 기억한다. 둘의 모습을 바라보는 우리의 가슴도 먹먹하고 아프다. 사랑이 변한다는 평범한 사실을 인정한 순간 이전에 가졌던 감정은 다 거짓이 될 것만 같다. 결국 우리는 그런 현실을 애써 부인하며 사랑의 본질은 영원하다는 착각 속으로 도피한다. 이 모습은 비단 사랑뿐만이 아닌, 인간이 자연을 대하는 태도에서도 흔히 드러난다.

현대 문명은 과학기술에 기반하고 있다. 그럼에도 과학에 관한 일반인의 인식은 과학의 발전 속도를 따라가지 못하는 경우가 많다. 과학이라는 학문에 관해서도 여전히 과거의 편견에서 벗어나지 못하고 있다. 대표적인 예가 과학은 자연의 영원불변한 질서를 탐구하는 학문이라는 생각이다. 이런 견해에 따르면, 길을 가던 영희가 옛 친구 철수를 10년 만에 마주쳐 대화를 나누는 우연적 사건은 영화나 소설의 모티브가 될 수 있을 뿐, 과학이 탐구할 만한 주제는 아니다. 과학의 진정한 가치는 만유인력의 법칙과 같은 불변의 진리를 찾아내는 데 있다고 믿기 때문이다.

사실 이런 사고방식은 그 뿌리가 깊다. 우주에는 영원하고 불변하는 법칙이 있고 우연적인 사건들은 그 법칙 외의 현상이나 그림자에 불과하다는 생각. 끊임없이 변하는 땅의 사물과 사건, 표면적인 현상에는 진정한 가치가 없고 삶의 참된 의미는 하늘에 속한 영원한 본질에서 찾아야 한다는 이원론적 세계관. 고대 그리스에서부터 오늘날에 이르기까지 이런 가치관은 인간의 마음을 점유하고 있다.

그러나 한번 곰곰이 생각해보자. 우리가 살고 있는 이 세상에 과연 영원하고 변하지 않는 것이 있던가? 현실에서 우리가 깨닫는 것은 '모든 것은 변한다'라는 평범한 진리가 아니었던가? 그런데도 왜 인류는 그토록 영원한 것을 탐닉하게 된 것일까?

하늘에서 구원의 질서를 찾다

잠시 눈을 감고 고대 사회로 돌아가 보자. 고층 아파트와 빌딩 숲은 사라지고 푸른 초원, 울창한 숲, 푸른 강이 보인다. 고막을 울렸던 자동차 소음 대신, 새들의 재잘거림과 바람에 흔들리는 나뭇잎 소리에 마음이 평온해진다. 주변에는 토끼, 강아지, 청설모, 노루 등이 즐겁게 뛰놀고 있다. 매연과 미세먼지 없는 맑은 공기, 방사능 물질과 공장의 폐기물에 오염되지 않은 강수. 모든 것은 살아 있고 생기 넘쳐 보인다. 지친 도시인들이 꿈꾸던 안식처다.

안타깝지만, 안식의 시간은 그다지 길지 않다. 태풍이 한바탕 우리를 휩쓸고 지나가면 생명력 넘치던 세계는 죽음의 물바다로 바뀔 것이다. 강우를 피할 수 있는 메마른 지역이라고 안전할까? 더운 여름에는 이따금씩 나뭇잎들이 일으킨 마찰이 작은 불씨가 되어 순식간에 온 숲으로 번져나가기도 한다. 세상은 순식간에 불바다가 들끓는 지옥으로 바뀐다.

생명의 젖줄인 강물도 항상 자비롭지는 않다. 급격히 진행된 진한 녹조로 모든 바다 생물이 썩거나, 때로는 가뭄에 메마르기도 한다. 애써 가꾼 농작물들이 메뚜기 떼들의 습

격을 받아 초토화되는 일도 잦고, 심지어 우리가 굳건히 발을 딛고 서 있던 땅마저 지진으로 흔들리며 갈라지기도 한다. 이 하늘 아래, 과연 영원한 안식처가 있기는 한 것일까?

그러나 우리를 종종 배신하는 땅과 달리, 하늘은 달라 보인다. 한바탕의 재해가 휩쓸고 간 후 올려다본 하늘은 땅의 일과는 아무런 상관이 없다는 듯, 예전의 모습을 그대로 지니고 있다. 하늘의 별들은 어제도, 오늘도, 변함없이 제자리를 지키면서 아름다운 일주운동을 한다. 태풍도, 가뭄도, 산불도, 지진도, 땅 위의 그 어떤 일도 하늘에 영향을 끼칠 수는 없어 보인다.

고대인들이 자연의 변덕에서 느낀 두려움은 결국 안착할 수 있는 변하지 않는 질서, 예측 가능한 필연적인 질서에 대한 갈구로 이어졌을 것이다. 하늘은 그 상징이 되기에 충분했다. 많은 고대인들에게 하늘은 영원한 것, 변하지 않는 것, 순수한 것을 의미했다.

고대 그리스인들은 붙박이별들이 위치한 곳을 천구라 불렀다. 천구는 인간과 무관한 이데아idea의 영역이자 신에 속한 영역이었다. 그렇다면 자연의 변덕으로부터 우리를 구원해줄 수 있는 신의 뜻을 천구의 질서에서 구할 수 있지 않을까?

우리가 살고 있는 세계를 설명하기 위해 신화에 의존했던 동시대 사람들과는 달리, 고대 그리스인들, 특히 탈레스를 위시한 이오니아학파의 철학자들은 자연계를 자연주의적 관점으로 설명하려 했다. 이런 의미에서 역사학자들은 고대 그리스 문명을 '역사의 특이점'이라 부르곤 한다.

농경 사회였던 고대 이집트나 메소포타미아의 문명은 전제적 군주나 파라오에게 권력을 집중시킨 중앙집권적 정치 체제를 지니고 있었다. 군주나 파라오는 신의 아들이거나 대리자였고, 그들에게 부여된 절대 권력의 근거는 신화에서 나왔다.

반면 고대 그리스는 국가의 상당 부분이 산지로 이루어져 있었고, 일부 산간 분지와 작은 평야 지대를 위주로 도시 문명이 발달해 있었다. 이런 지리적 환경은 권력이 한곳으로 집중되는 것을 막았고, 작은 규모의 여러 도시국가에서 합리적인 토론에 기반한 민주적인 정치 체제가 자리 잡을 수 있는 배경이 된다.

더 나아가 고대 그리스인들은 세상의 질서를 주관하는 '자연법칙'이 존재한다고 생각했다. 이를 두고 영국의 과학사학자 존 헨리(John Henry)는 이렇게 말한다.

> 이집트와 메소포타미아에서는 최고 권위자인 파라오나 황제가 내리는 선언이 곧 법이었다. 하지만 그리스에서는 모든 시민이 저마다 정부 내에서 또는 적어도 자신들이 바라는 통치 형태를 결정하는 데 어느 정도 역할을 했기 때문에, 법의 이념은 비록 추상적이긴 하지만, 사람들이 인식할 수 있는 뚜렷한 실체로 간주되었다. 달리 말하자면, 법은 독재자가 마음대로 부리는 변덕이 아니라 사회가 존재하면 으레 생기게 마련인 '자연적' 요소로 여겨졌다. 법을 사회의 내재적 속성으로 본 것이다. 어쩌면 사회가 기능하는 방식과 이러한 기능을 유지하는 데 필요한 법의 역할을 중요하게 여기는 태도가 자연에 대한 탐구로 이어진 듯하다. 고대 그리스 철학에는 독특하게도 자연법칙이라는 개념이 있었다. (…) 이러한 자연법칙이 세계의 본성에 내재되어 있다고 보았다.[2]

그렇다면 그들이 발견한 자연법칙의 속성은 과연 어떤 것이었을까?

플라톤이 말하는 우주의 본질

플라톤은 이데아 사상으로 상징되는 고대 그리스 문명의 대표적인 인물이다. 서양인들의 사상에 끼친 그의 절대적인 영향력은 서양 철학을 플라톤 철학의 주석이라고 하는 표현에서 잘 드러난다. 물론 개인의 가치가 무시되고 사회의 '질서'를 경직된 방식으로 이해하는 것은 분명 플라톤이 지닌 한계라고 할 수 있다. 이에 관해 미국의 철학자 윌 듀란트Will Durant는 다음과 같이 평가한다.

> 그는 세계라는 활동사진을 고정되어 움직이지 않는 그림으로 만들려고 애를 썼다. 그는 다른 소심한 철학자들처럼 오직 질서만을 사랑했고, 아테네 민주정치의 소란에 놀라서 개인의 가치를 극적으로 무시했다. (…) 그의 국가는 정적이다. (…) 이 국가에는 과학만 있고 예술은 없다. 이 국가는 과학적 정신에 소중한 질서만을 찬양하고 예술의 정수인 자유는 전적으로 무시한다.[3]

흥미롭게도, 플라톤을 비판하는 이 언급에서 현대 철학자 듀란트가 지닌 과학에 관한 편견이 발견된다. 과학이 말하는 질서와 법칙을 플라톤의 이데아와 동일시하는 것이 과연 옳은 것일까? 과학은 정적인 질서를 다루는 학문이며 예술은 아름다움을 창조하는 활동이라고 대비시키는 부분은 정당한가? 추후 빅뱅우주론big bang theory을 살피며 깨닫겠지만, 정적인 질서를 통해 세계를 설명하려는 시도는 현대 과학과는 거리가 있다. 듀란트의 과학에 관한 인식은 수많은 이들과 다를 바 없이, 아쉽게도 플라톤 시대에 머물러 있다.

플라톤은 우주의 본질이 수라고 생각한 피타고라스의 영향을 받아, 순수하고 영원하며 완전한 우주의 속성이 다섯 개의 정다면체에 담겨 있다고 생각했다. 엠페도클레스Empedocles 이후 고대 그리스에는 우주가 흙, 물, 공기, 불로 이루어져 있다는 믿음이 광범위하게 퍼져 있었는데, 플라톤은 각각을 정사면체, 정육면체, 정팔면체, 정이십면체와 연결시켰다. 나머지 하나인 정십이면체는 신성한 영역인 우주를 채우고 있는 에테르ether에 대응시킨다. 이에 따라 세계는 지구를 중심으로, 그 바깥에 순차적으로 물, 공기, 불이 위치되었다.

위로 향하는 성질의 불이 상승하지 못하도록 막아주는 것은 우주를 채우고 있는 에테르다. 불 위로는 달, 수성, 금

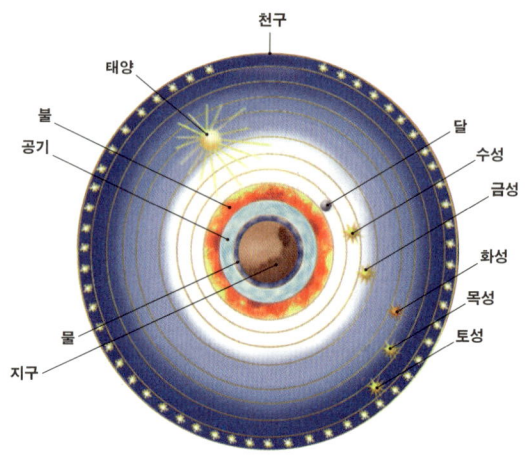

플라톤의 우주

성, 태양, 화성, 목성, 토성이 순차적으로 위치해 우주의 중심인 지구 주변을 공전한다. 공전의 궤도는 영원과 완전의 상징인 '원'이며, 맨 바깥쪽 천구에는 별들이 박혀 있다.

이런 세계관의 요점은 이렇다. 자연의 본질은 완벽한 질서다. 자연의 기본 구성 요소는 정다면체와 같이 완벽한 대칭과 비율을 지니고 있다. 해와 달과 행성은 완벽한 원궤도를 그리며 하루에 한 번씩 하늘을 공전한다. 인간이 살고 있는 지구는 이렇게 질서 정연한 우주의 중심이다.

이원론적 세계관의 한계

자연스럽게 이런 질문이 따른다. 인간은 영원하고 완전한 질서에 따라 운행하는 우주의 중심에서 살고 있으면서도 왜 완벽하지 않을까? 왜 나의 눈은 짝눈이며 우리 신체의 왼쪽과 오른쪽은 완벽한 대칭을 이루지 못하고 살짝 다른 모습을 하고 있을까? 왜 심장과 위와 간은 한가운데가 아닌 왼쪽, 혹은 오른쪽에 치우쳐 있는가? 자연이 완벽하다면, 왜 이 땅에는 그토록 많은 재난과 변덕스러운 환경의 변화가 발생하는가? 이 질문은 유일신을 믿는 종교를 끊임없이 괴롭혀왔던 '신정론theodicy'과 맥을 같이 한다. 정의로운 신이 이 세상을 창조했다면 왜 세상에는 악이 존재하는가?

질문에 답하기 위해 플라톤은 세계를 둘로 나눈다. 이데아의 세계와 감각 세계. 감각 세계는 모든 사물의 원인이자 본질인 이데아의 그림자에 불과하기에 참으로 존재하는 것이 아니었다. 플라톤에게는 '운동'하는 것, 다시 말해 '변하는' 것은 참된 의미에서 존재하는 것이 아니었다. 영원한 것, 완벽한 것만이 '존재'라는 단어에 상응할 가치가 있었다. 항상 변화하는 이 세계는 그저 지나가는, 일시적인 '현상'에 불과했다. 앞서 언급했듯이 이런 이원론적 사고방식은 21세기인 오늘날에도 여러 가지 형태로 변함없이 인간의 마음을 지배하고 있다.

플라톤을 계승하는 아리스토텔레스는 감각을 통한 자연의 직접적인 관찰을 중요시했고 현실 세계에서 일어나는 운동과 변화는 질료가 형상을 이루는 과정으로 이해하면서 플라톤의 이원론에서 벗어난 듯이 보인다. 하지만 그의 목적론적인 세계관에 따른 편견, 예를 들어 여성은 온전히 형상에 이르지 못한 남성이라고 보거나 여성과 남성의 역할이 다르다는 사고방식은 세상의 질서에 관한 그의 관점이 자연을 있는 그대로 수용하기보다는 시대의 한계에서 벗어나지 못했음을 보여준다.

그의 천문학 역시 플라톤에게서 크게 벗어나지 못했고, 하늘과 땅은 다른 종류의 질서에 의해 움직인다고 믿었다. 예를 들어 땅에서는 직선운동, 천구에서는 등속원운동이 사물 움직임의 기본 원칙이었다.

완벽하게 아름다운
천동설에 균열을 일으키다

아름다운 천동설

고대로부터 중세까지 이어졌던 우주관인 천동설에 따르면 지구는 우주의 중심이고 태양과 하늘의 별은 지구 주위를 하루에 한 번씩 공전하고 있었다. 물론 천동설만이 고대인들이 택할 수 있는 유일한 우주론은 아니었다.

기원전 270년경에 이미 지구와 달 사이의 거리, 지구와 태양 사이의 거리, 지구의 부피, 그리고 태양과 달의 크기를 구한 바 있는 아리스타르쿠스^{Aristarchus}는 지동설을 주장한 대표적인 학자였다. 하지만 당시 사람들에게는 지동설보다 천동설을 선호했던 나름의 합리적인 이유가 있었다.

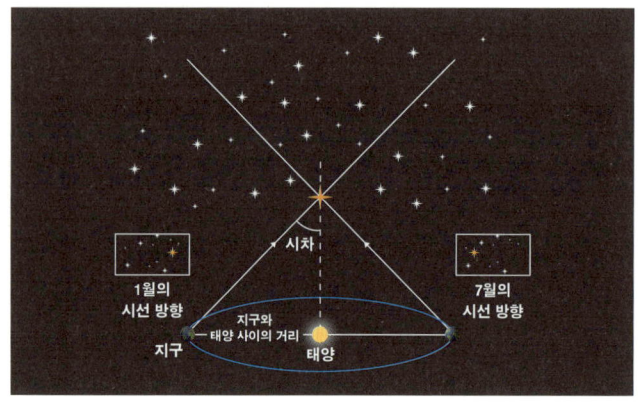

계절의 변화에 따른 시선 방향의 차이 ⓒ ESA/ATG medialab

대표적인 예가 시차parallax였다.

시차 개념의 이해를 위해 학교의 한 학급 교실을 상상해 보자. 교실의 맨 앞 중앙에는 교탁이 있고 그 위에 탁상시계가 하나 놓여 있다. 나는 칠판과 교탁 사이에서 좌우로 움직이고 있다. 내가 교탁 바로 앞에 서서 교탁 위의 시계를 바라본다면 시계 뒤에 보이는 사람들은 교실 가운뎃줄에 있는 학생들일 것이다. 반면 왼쪽으로 이동해 시계를 볼 때와 오른쪽으로 이동해 시계를 볼 때, 시계 뒤에 있는 학생들은 각각 달라진다. 내가 좌우로 움직일 때마다 시선 방향이 달라지기 때문이다.

마찬가지로 지구가 태양 주위를 공전한다면 우리의 시선 방향도 그에 따라 변하기 때문에 가까운 별은 그 뒤 더 멀리 있는 별을 기준으로 위치가 계절에 따라 달라 보일 것이다. 이런 현상을 시차라 부른다.

고대 그리스인들은 시차 현상을 발견하지 못했다. 그 이유는 둘 중의 하나일 것이다. 하나는 천동설이 말하는 바와 같이 지구가 움직이지 않고 한 장소에 고정되어 있기 때문이다. 그리고 또 하나는, 지구가 태양 주위를 공전할지라도 모든 별이 지구에서 너무나 멀리 떨어져 있기에 눈으로는 시차를 식별하기 어렵기 때문이다.

맨눈으로 시차를 측정하는 것은 과연 얼마나 어려운 일일까? 한 바퀴는 각도로 360도에 해당한다. 우리가 손을 쭉 뻗은 상태에서 검지로 하늘을 가릴 경우, 각도로 따지면 약 1도에 해당하는 부분이 가려진다. 달과 태양의 겉보기 크기는 0.5도 정도이기에 손가락 하나면 충분히 달이나 태양을 가릴 수 있다. 1도를 60분의 1로 나누면 1분, 3600분의 1로 나누면 1초가 된다.

태양계에서 가장 가까운 별인 프록시마 센타우리 Proxima

Centauri는 지구에서 4.26광년 떨어져 있다. 이 별의 시차를 관찰하기 위해서는 0.764초의 정확도가 필요하다. 즉 손가락 두께를 3600분의 1로 나눈 것보다 더 정밀한 관찰이 필요하다는 의미다. 맨눈으로는 불가능한 일이다.

시차의 발견은 독일의 천문학자 프리드리히 베셀Friedrich Bessel에 의해 1838년에 이루어진다. 베셀은 특수 망원경인 프라운호퍼 헬리오메터Fraunhofer heliometer로 지구에서 11.6광년 떨어진 백조자리Cygni 61번 별을 관찰해 0.314초에 해당하는 시차를 측정한 바 있다. 고대인들이 시차를 발견하지 못한 이유는 맨눈으로 식별할 수 없을 만큼 별들이 멀리 떨어져 있었기 때문이었다. 하지만 중세에 이르기까지도 사람들이 생각한 우주는 그다지 크지 않았다.

인간은 경험하지 못한 일을 받아들이는 것에 상당히 보수적인 태도를 지닌다. 주변에 토끼, 개, 늑대 같은 동물만 있는 지역에서 살아온 사람들은 '동물'이란 '인간보다 작은 것'이라는 편견에 사로잡혀 있을 것이다. 코끼리나 기린에 관한 이야기를 하면, '어떻게 동물이 그렇게 클 수 있어? 말도 안 돼!'라는 반응을 보이면서 말이다. 지동설을 인정할 경우 필연적으로 따라오는 허무맹랑하게 광활한 우주는,

옛사람들에게 받아들이기 어려운 사실이었다. 이는 천동설이 선호되었던 가장 큰 이유 중의 하나였다.

또한 천동설은 고대인의 세계관과도 관련이 있었다. 어린아이들은 세상의 모든 일을 자기중심으로 해석한다. 자신이 배고프면 친구도 배고프고, 자신이 슬프면 엄마도 슬프며, 자신이 짜장면을 좋아하면 아빠도 짜장면을 좋아한다고 생각한다. 자신과 다른 방식으로 세상을 경험할 수도 있다는 사실 자체를 깨닫지 못하는 것이다.

고대인들의 우주관 역시 다분히 유아적이었다. 그들의 우주는 자신들의 경험을 벗어나지 못했다. 지구 밖의 세상을 상상도 하지 못했던 인간에게 온 우주는 인간을 위해 존재했다. 이런 세계관에서 지구가 중앙에 위치하는 것은 당연히 미학적으로도 가장 선호되는 방식이었다.

구원받아야 할 행성의 운동

천동설의 가장 단순한 모델은 앞서 살펴본 플라톤의 우주다. 지구를 중심으로 가장 가까운 곳부터 시작해서, 달, 수성, 금성, 태양, 화성, 목성, 토성, 그리고 그 밖에 있는 천구가 깔끔하게 원운동을 하고 있는 모습이다. '원'은 플라톤에게 영원과 완벽함의 상징이었다. 우주는 신에 속한 영역이기에 완벽한 질서에 따르고 있다는 믿음이 '원'에 담겨 있었다. 하지만 플라톤의 단순한 모델로 설명될 수 있을 만큼 우주는 순진하고 만만하지 않았다.

고대 그리스 천문학자들을 괴롭힌 현상 중의 하나는 행성의 역주행이었다. 시간에 따른 화성의 움직임을 관찰하면, 평균적으로는 특정 방향으로 움직이면서도 중간중간 방향을 바꾸어 역행하는 모습이 발견된다.

이런 특이한 현상은 플라톤의 우주 모델로는 설명이 불가능했다. 적어도 겉으로 드러난 현상만 놓고 본다면 행성은 원운동을 하고 있는 것처럼 보이지 않는다. 어떻게 이런 현상이 생긴 것일까? 행성의 궤도가 완벽한 원이 아니라면 우주가 타락했단 말인가? 이렇게 질서에서 벗어난, 타락해 보이는 현상은 과연 '원'이라는 아름다움으로 구원받을 수 있을까?

기원전 3세기경, 아폴로니우스Apollonius of Perga와 히파르쿠스Hipparchus는 행성의 움직임을 설명하기 위해 주전원epicycle이라는 개념을 도입했다. 이 모델에 따르면 플라톤의 모델처럼 행성들은 평균 궤도인 대원deferent을 따라 지구를 중심

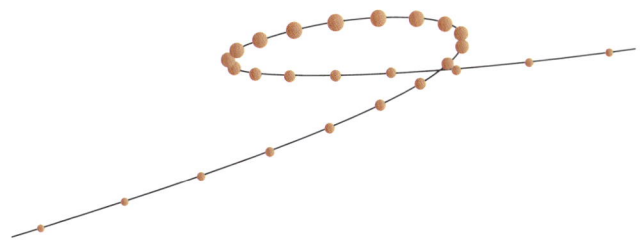

화성의 시간에 따른 위치 변화

으로 공전하지만, 동시에 대원을 중심으로 짧은 반경의 원운동을 한다. 이를 통해 지구에서 화성의 역주행이 주기적으로 관찰되는 현상을 잘 설명할 수 있었다. 주전원의 도입으로 행성의 역행운동이라는 불순한 일탈은 구원받는다.

이처럼 주전원을 도입한 결과 우주는 플라톤의 모델에 비해 훨씬 더 복잡해진다. 그러나 겉보기의 복잡성은 문제가 아니었다. 중요한 것은 행성의 궤도 운동을 결정하는 대원과 주전원 모두 '원'이라는 완벽함에 기초하고 있다는 사실이었다. 고대 그리스인들에게 원은 오늘날의 중력과도 같은 우주의 확고한 원칙이었다. 이 모델은 그 유명한 『알마게스트Almagest』의 저자 프톨레마이오스Ptolemaios를 거쳐 서구

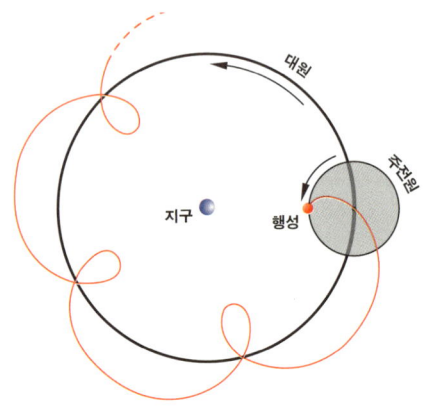

행성의 역행운동을 설명하기 위해 도입된 주전원

사회에서 널리 받아들여지게 되었다.

이렇듯 천동설에 따른 행성 궤도의 모습은 다소 복잡해 보일지라도, 스피로그래프spirograph로 그린 기하학적 작품이 주는 것과 유사한 감동을 준다. 이 감동에 담겨 있는 키워드는 완벽, 대칭, 규칙성일 것이다. 고대 그리스인들에게 진리는 이렇게 아름다워야 했다. 아니, 아름다운 것이 곧 진리였다. 실제 우주가 이처럼 숨 막힐 듯 아름다운 모습이었다면, 오늘날에도 누구나 우주의 실체가 완벽한 수학적 기하에서 찾을 수 있다는 주장에 쉽게 동의할 것이다.

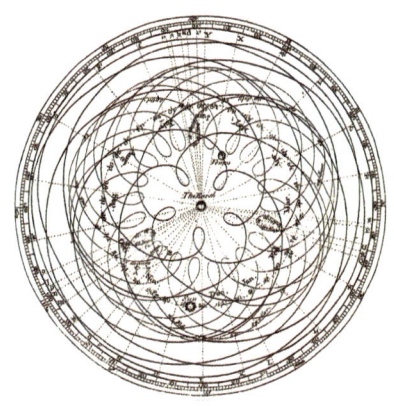

주전원을 도입한 천동설 모델에 따른 행성들의 궤도

쇠퇴하는 아름다움

아쉽지만, 천동설의 아름다움은 여기까지였다. 우주는 단일한 원리로 설명될 만큼 만만한 곳이 아니었다. 행성의 움직임을 더욱 세밀하게 관찰하자 또 다른 '타락한' 모습이 발견되었다. 무엇보다 행성은 공전하는 속도가 일정하지 않았다. 만약 지구가 우주의 중심이라면 대원을 따라 움직이는 행성의 속도는 일정해야 하지만, 관찰에 따르면 때로는 빠르게, 때로는 느리게 움직였다.

프톨레마이오스는 이 문제를 해결하기 위해 등각속도

점 equant point 이라는 개념을 도입했다. 우주의 중심에 있던 지구는 하단으로 조금 내려오고, 지구의 주위를 도는 행성 또한 대원의 중심이 아니라 여기에서 약간 벗어난 점, 오늘날의 용어로 등각속도점을 중심으로 공전한다고 생각한 것이다.

공전의 속도를 정의하는 방법에는 두 가지가 있다. 하나는 시간에 따른 대원 위에서의 이동 거리로, 이는 관찰을 통해 행성의 움직임을 직접 측정함으로써 얻을 수 있다. 또 다른 방식은 각속도 angular velocity 에 따른 것이다. 각속도란 행성의 움직임에 따른 위치 변화를 각도로 측정했을 때 그 각도의 시간에 따른 변화량을 말한다.

등각속도란 각속도가 변하지 않고 일정하다는 의미다. 등각속도점은 행성들이 대원 위에서의 등각속도 운동을 하는 중심점이다. 등각속도점이 대원의 중심에 있다면 대원 위에서의 행성의 속도도 일정할 것이다. 하지만 등각속도점이 중심에서 벗어날 경우 대원 위에서 이동하는 속도는 시간에 따라 변할 수밖에 없다.

결국 공전의 중심을 대원의 중심에서 비켜난 지점에 둠으로써 지구에서 관찰할 때는 지구를 도는 행성의 평균적

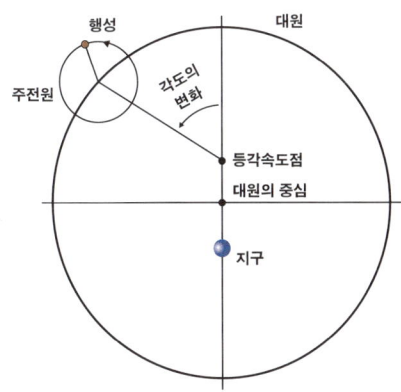

등각속도점을 도입한 우주 모델

인 움직임이 일정하지 않을지라도 '등각속도'라는 '아름다운' 자연의 원칙을 유지할 수는 있었다. 타락한 현상은 이를 통해 또다시 구원되는 듯했다. 하지만 결론적으로 등각속도점의 도입은 천동설을 누더기로 만들고 만다.

이제 지구는 대원의 중심에서 살짝 벗어난 곳에 위치해야 했다. 무엇보다 각각 다른 행성들의 움직임을 설명하기 위해 등각속도점의 위치는 행성에 따라 모두 달라야 했다. 달과 태양의 경우도 마찬가지였다.

프톨레마이오스는 등각속도점이 행성에 따라 다른 이

유를 설명할 만한 원칙을 제시하지 못했다. 그저 관측된 결과를 끼워 맞추기 위한 임시방편적 조치에 불과했다. 천동설은 이처럼 점점 복잡하고 너덜너덜해졌다. 프톨레마이오스는 결국 우주의 실체나 기본 원리가 무엇인지를 밝히는 일에는 포기한 듯 보인다. 단지 자신의 우주 모델이 행성의 움직임을 정확하게 예측할 수 있다는 사실에 만족했다. 자신의 모델은 우주의 참된 실재를 이해하기 위한 것이라기보다는 그저 실용적인 목적을 위해 적합하다고 생각한 것이다.

중세 시대에 접어들어서도 천동설에 기반한 우주관이 계속 이어진다. 중세인들도 지구와 인간이 우주의 중심이라고 생각했다. 신이 인간을 위해 창조한 중세인의 우주 또한 그다지 크지 않았다. 별들은 하루라는 짧은 시간 동안 지구를 중심으로 공전했으므로, 별들이 무한한 거리에 있다는 것은 논리적으로 맞지 않았다. 별들이 박혀 있는 천구는 가까운 곳에 있어야 했다. 다만 무한한 신의 속성을 반영하기 위해 천구 밖에는 무한한 신의 영역이 있다고 믿었다.

중세의 우주는 정상상태 steady state에 있었다. 우주는 영원히 변하지 않고, 시작도 끝도 없는 상태에 놓여 있었다. 물론 기독교에서는 제1원인인 신의 창조를 믿었기에 이 우주는 신에 의해 무로부터 창조되었고 시간의 시작이 있음을 믿었다.

하지만 창조 이후의 우주는 창조된 모습 그대로 변하지 않고 본래의 상태를 유지하고 있었다. 땅 위의 변하는 것은 가치가 없고 타락한 것이며 영원하지 않았다. 해 아래에는 새것이 없지만 우주는 신의 창조 모습에 따라 변하지 않고 질서 있는 모습을 변함없이 유지할 것이었다.

그러다 르네상스 시대에 이르러 세상을 인식하는 방식에 변화가 일어나며, 그중 미술 양식이 눈에 띄게 달라진다. 중세의 그림은 고대 이집트의 그림과 상당히 유사한 면이 많았다. 어린아이들이 눈에 보이는 모습을 사실적으로 그리기보다는 자신이 머릿속으로 생각한 것을 그리듯, 고대 이집트나 중세의 표현 방식은 자신들이 정한 일정한 규칙을 따른 결과였다.

예를 들어 고대 이집트의 경우 얼굴은 옆모습, 가슴은 앞모습, 발은 다시 옆모습으로 그리는 등의 방식이 인간의 원형을 가장 잘 나타낼 수 있다고 믿었다. 여러 인간의 독특한 개성과 다양성 및 희로애락은 이들의 관심사가 아니었다. 무엇보다 그림의 주제는 땅이 아니라 하늘이었다. 신, 신의 대리인인 왕과 귀족, 예수와 성인, 그리고 성경의 메시지로 일관했다.

그러나 르네상스에 이르러 신에서 평범한 인간으로 점점 초점이 옮겨진다. 그림의 표현 방식 역시 이념이 정한 규칙보다는 사실적 묘사에 충실해지기 시작한다.

이런 변화는 예술뿐 아니라 과학에서도 나타나기 시작한다. 자연을 관찰하고 경험적인 현상을 탐구하며 실험을 더욱 중요시하는 움직임에 따라 천동설의 시대는 저물어 가기 시작한다. 특히 덴마크의 튀코 브라헤 Tycho Brahe 와 이탈리아의 갈릴레오 갈릴레이 Galileo Galilei 등 여러 천문학자들의 관찰은 생각 속의 논리가 아닌 새로운 경험적 발견을 통해 지동설에 무게를 실어주었다.

지구를 움직인 혁명의 시작

코페르니쿠스는 지동설의 주창자로 널리 알려져 있다. 그의 이름에는 '혁명'이라는 수식어가 뒤따르곤 하지만 사실 그는 과거의 사고방식에서 그다지 많이 벗어난 사람이 아니었다. 당시 천동설은 주전원과 등각속도점 등을 도입하며 관찰된 사실을 설명하기 위해 무던하게 애를 썼던 이론이었던 만큼, 행성의 움직임을 상당히 정확하게 예측할 수 있었다. 그러나 등각속도점의 도입으로 지구의 위치가 대원의 중심에서 살짝 벗어났고 천동설의 체계는 지나치게 복잡해지고 말았다. 코페르니쿠스는 이런 상황에 불만을 가진 사람이었다.

코페르니쿠스가 지동설을 고려한 이유는 지동설이 당시 관찰된 우주의 현상을 더 잘 설명했기 때문이라기보다는, 단순한 원리로 우주를 설명하고자 하는 고대의 이상에 지동설이 더 부합해 보였기 때문이었다. 태양을 우주의 중심에 두고 다른 행성의 움직임을 원운동으로 설명할 수 있다면 우주의 모형은 단순함을 되찾을 것이고 우주는 또다시 '원'이라는 아름다움으로 구원받을 것이었다.

오늘날에는 행성의 궤도가 원이 아닌 타원이라는 것을 알고 있다. 원궤도를 상정한 코페르니쿠스의 단순한 모델이 천동설보다 더 정확하게 행성의 움직임을 예측했을 리가 없다. 지동설은 당시에 그다지 성공적이지 못했다. 그러나 나름의 장점은 분명했다. 예를 들어 화성의 역행운동을 설명하기 위해 주전원이라는 거추장스러운 개념을 도입할 이유가 없었다. 화성의 역주행은 다음의 그림이 보여주는 바와 같이 지동설 내에서 아주 단순하게 해결될 수 있었다.

지동설과 천동설의 차이는 단순히 우주의 중심이 태양이냐 혹은 지구냐의 문제가 아니었다. 어떤 것을 받아들이느냐에 따라 우주의 크기는 크게 달라질 수밖에 없었다. 천구가 하루에 한 바퀴 돌아야 하는 천동설에서는 우주가 아담하게 작아야 했다. 반면 지동설에서 천구는 고정되어 있고 지구가 자전한다. 저 하늘의 별들이 굳이 가까운 곳에 있어야 할 이유가 없다는 의미다. 오히려 시차가 발견되지 않는다는 사실은 저 별들이 상상할 수 없을 만큼 멀리 떨어져 있어야 했음을 의미했다.

코페르니쿠스는 이 점을 언급하며 "전능하신 하나님의 작품은 의심의 여지없이 광대하도다!"라고 선언한다. 우주가 터무니없이 광활하다는 점은 지동설의 가장 큰 혁명적인 요소 중 하나였다.

브라헤는 덴마크의 귀족 출신으로, 1570~1590년간 히븐Hveen 섬을 다스렸고 그 섬에 두 개의 거대한 천문대를 건축했다. 브라헤는 망원경이 등장하기 전까지는 가장 엄밀한 관측을 수행한 천문학자였다. 예를 들어 그는 각종 관측

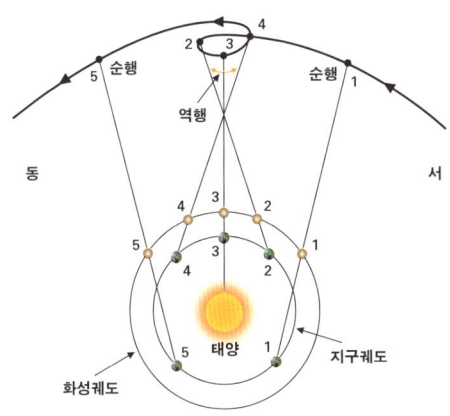

지동설이 설명하는 화성의 역행

기구의 도움으로 육안을 통해 천체의 위치를 약 4분의 정확도로 측정했다.

앞서 설명했듯이 손가락 하나가 1도이고 이것을 60으로 나눈 것이 1분이므로, 4분이란 손가락 두께의 60분의 4에 해당하는 각도를 의미한다. 즉 손가락을 15등분한 정도의 상당히 미세한 정확도로 천체의 위치를 측정했던 것이다. 망원경이나 사진을 사용하지 않고도 얻을 수 있었던 놀라운 성취였다.

이를 통해 브라헤는 중요한 천문학적 발견들을 이루어

냈다. 그중 대표적인 사례는 1572년 11월 11일 카시오페이아자리에서 금성만큼 밝게 빛나는 신성^{Nova}이 천구에서 발생한 것임을 밝힌 일이었다. 신성이란 없던 별이 갑자기 나타난 새로운 별이라는 뜻으로 한국에서는 전통적으로 손님별, 혹은 객성^{客星}이라 부르곤 했던 현상이다. 브라헤 이전에도 신성은 많은 사람들이 관찰한 바 있지만 천구의 영역과는 거리가 먼, 지구 대기나 지구 근처에서 일어나는 일이라고 치부하고 넘기곤 했었다.

브라헤의 관측은 이런 믿음에 균열을 일으킨다. 브라헤는 이 신성까지의 거리를 구하고자 신성의 시차를 측정하려고 노력했지만, 그의 관측 기술의 한계 내에서는 시차가 발견되지 않았다. 결국 이 신성이 토성보다 훨씬 더 먼 곳에서 발생한 현상이라고 결론 내릴 수밖에 없었는데 토성 뒤쪽은 천구에 속한, 신성하고 영원히 변치 않는 영역이었다. 브라헤의 발견은 천구가 불변한다는 믿음에 의문을 제기한 것이었다.

천문학의 발전과
인간 굴욕의 역사

"생각만 해도 끔찍한" 타원

코페르니쿠스를 비롯한 많은 학자들은 르네상스에 이르러서도 여전히 고대의 그리스적 사고방식에서 완전히 벗어나지 못했다. 요하네스 케플러$^{Johannes\ Kepler}$도 그중 하나였다. 케플러는 행성이 6개인 이유에 대한 답을 구하다 1595년 신의 '계시'를 받고 우주론 모델을 만들기 시작한다.

그의 발상은 6개의 행성인 수성, 금성, 지구, 화성, 목성, 토성은 플라톤의 정다면체 5개에 의해 구획 지어진 6개의 영역에서 태양을 중심으로 공전하고 있다는 것이었다. 그리고 이를 1596년 『우주구조의 신비$^{Mysterium\ Cosmographicum}$』라

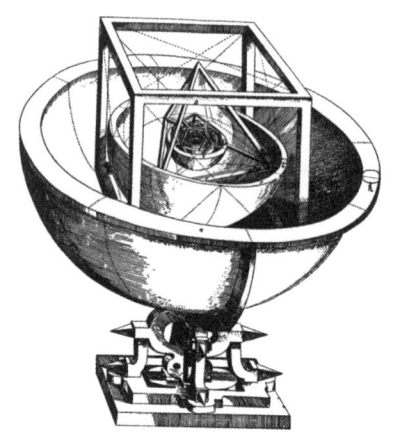

플라톤의 정다면체에 기반한 케플러의 우주 모델

는 책으로 발표한다. 비록 천동설이 아니라 코페르니쿠스의 지동설을 따랐지만, 그 동기는 이데아적 질서로 우주를 설명하고자 했던 플라톤과 전혀 다르지 않았다.

케플러는 브라헤의 마지막 생애 2년 동안 그의 조수로 일하면서, 브라헤가 세상을 떠날 때 그가 정리한 관측 자료를 넘겨받는다. 그리고 이를 자신의 우주 모델과 비교하며 검증을 시도하지만 원궤도를 가정한 케플러의 모델은 행성의 위치를 약 8분의 오차 범위 내에서 예측할 수 있었을 뿐, 브라헤의 관측 오차인 4분의 정확도에는 미치지 못했다. 모델과 관측의 간극을 메우려는 케플러의 노력은 결국 신의 계시에 따른 자신의 모델을 포기하는 것으로 끝난다.

케플러는 이 시점에서 중요한 발견을 한다. 원궤도를 포기한다면, 즉 행성이 찌그러진 타원궤도를 따라 운동한다는 사실을 받아들일 경우 행성의 운동은 지동설의 틀 내에서 완벽하게 설명될 수 있었다. 케플러의 표현을 따르면 타원궤도는 "생각만 해도 끔찍한" 일이었다. 하지만 케플러는 고뇌 끝에 이 끔찍함을 받아들인다.

그의 위대함이 바로 여기에 있다. 케플러는 관측이 보여주는 사실을 겸손하게 받아들이며 자신이 사랑하던 이데아적 질서를 포기한다. '원'이라는 아름다운 이상은 관측 데이터가 보여주는 추한 사실 앞에서 이렇게 허무하게 무너졌다. 이는 고대와 중세에서 근대 과학으로 향하는 과학사의 역사적인 전환점이었다.

비록 원궤도를 포기하는 아픔이 있었지만, 케플러는 새로운 우주의 질서를 발견한다. 그는 관측 데이터로부터 행성의 타원궤도가 찌그러진 정도, 즉 타원의 반지름 중 길이가 긴 쪽과 짧은 쪽의 비율을 구할 수 있었다. 그리고 긴반지름과 공전주기 사이에 서로 긴밀한 관계가 있음을 알아낸다. 긴반지름의 세제곱이 공전주기의 제곱에 비례함을 보인 것이다. 이 관계는 케플러의 제3법칙으로 알려져 있고, 흔히 조화의 법칙 harmonic law이라 부르기도 한다. 타원궤도라는 추함 이면에 숨겨져 있던 신성한 하모니의 발견은 분명 케플러에게 큰 위로가 되었을 것이다.

조화의 법칙은 후에 뉴턴이 중력에 관한 만유인력의 법칙을 발견하는 결정적인 계기가 되었다. 이 법칙에 '만유'라는 수식어가 붙은 이유는, 땅에서 작용하는 중력이 저 신성한 하늘에서도 동일한 방식으로 적용된다는 사실을 뉴턴이 밝혔기 때문이다. 땅과 하늘의 질서가 다르다고 말하는 아리스토텔레스의 과학은 이제 완전히 허물어졌다.

뉴턴은 케플러의 조화의 법칙 역시 자신이 발견한 중력 법칙에 따라 간단히 설명될 수 있음을 우아하게 수학적으로 보여주었다. 지동설의 혁명과 더불어 중세의 세계관이 붕괴되는 충격을 겪었던 사람들은 뉴턴의 발견에 열광하며 새로운 희망에 부풀어 올랐다. 이 땅과 저 하늘은 모두 뉴턴이 발견한 아름다운 수학적 질서로 다시 구원될 것이었다. 그런데 과연 그것이 가능했을까?

실제 행성과 왜소행성의 궤도는 앞서 본 천동설이 설정한 기하학적 아름다움에 비해 지저분하다고 표현할 정도로 질서 정연하지 못하다. 행성마다 타원궤도의 찌그러진 정도가 다르고 각 공전궤도의 평면도 서로 정렬되어 있지 않다. 각 행성의 자전축 역시 제멋대로여서 우리 지구는 공전축에 비해 23.4도 기울어져 있고, 수성은 0.035도, 천왕성은 97.8도, 금성은 177.4도 기울어져 있다. 여기에는 아무런 규칙성이 없다.

비록 중력 법칙에 따라 예측 가능한 방식대로 행성이 태양계 주변을 운동하고 있을지라도, 타원의 찌그러진 정도, 공전축의 기울기, 목성, 금성, 지구의 상대적 위치, 각각 행성의 질량 등 모두 다른 모습이다. 이 모든 것은 태양계의 모태가 되었던 별 형성 구름 내부에 주어진 우연한 초기조건에 따라 우연히 결정된 결과다.

모든 우연적 사건은 사과가 땅으로 떨어지듯 물리법칙에 따라 발생한다. 예를 들어 주사위를 던져서 1이 나오는 일은 물리법칙에 어긋나는 일이 아니다. 그럼에도 이런 사건을 '우연'이라 부르는 이유는, 반드시 1이 나왔어야 할 이유도 없기 때문이다. 그저 수많은 여러 가능성 중 하나가 발생한 일일 뿐이다. 어떤 사람들은 세상을 이해하기 위해 이런 우연적 사건에 주의할 필요가 없다고 말한다. 주사위를 던질 때 손과 주사위 사이에 작용하던 힘의 초기조건만 정확히 알고 있다면 물리법칙에 따라 1이 나올지 혹은 5가 나올지 원칙적으로는 예측이 가능하기 때문이다.

그런데 우리 옆집에 사는 이웃이 주사위를 던져 1이 나왔고 그 덕분에 도박에서 100억을 벌었다면, 이 경우도 중요한 것은 오직 물리법칙일까? 과연 옆집 이웃이 큰 부자가 되어 인생이 바뀐다는 사실을 태초부터 물리법칙이 미리 예측했다고 말할 수 있을까?

자연의 우연적 측면에 눈과 귀를 막고 물리법칙만 중요하다고 말하는 것은 빈부 격차, 인권, 지구온난화 등 이 세상의 여러 당면한 문제는 본질적인 것이 아니니 신경 쓰지 말고 더 근본적인 신의 뜻에만 집중하자고 말하는 것만큼이나 공허한 일이다. 법칙에 따른 규칙성뿐만 아니라 자연이 보여주는 여러 우연적이고 다양한 지저분함은 인간의 존재를 설명하는 데 빼놓을 수 없는 부분이기 때문이다.

예를 들어 지구의 자전축의 기울기가 천왕성처럼 97.8도였다면 생명의 진화는 지금과는 전혀 다른 방식으로 진행되었을 것이고 인류도 출현하지 못했을 가능성이 높다. 우주에는 수많은 우연적 사건이 발생한다. 이런 사건의 연속을 우리는 역사라고 부른다. 지구의 자전축이 결정된 것도 인간의 출현도 모두 복잡다단한 우주 역사의 일부로 발생한 일이다. 이런 역사를 모른다면 우리는 결코 우리 자신과 우주를 이해할 수 없다.

우주의 진정한 민낯

케플러의 발견 덕분에 지동설은 드디어 천동설보다 더 정확하게 행성의 움직임을 예측하는 이론으로 발전할 수 있었다. 그리고 1608년 이 승부에 쐐기를 박도록 이끌어준 중요한 사건이 일어난다. 네덜란드의 안경장眼鏡匠 한스 리페르헤이Hans Lipperhey가 망원경을 발명한 것이다. 이 소식을 접한 갈릴레이는 1609년 스스로 망원경을 제작해 천체를 관측하기 시작한다.

갈릴레이가 망원경을 통해 본 하늘은 이전과는 전혀 달랐다. 맨눈으로는 전혀 보이지 않던 새로운 세상이 보이기 시작한 것이다. 당시에만 하더라도 태양은 신을 상징하던 천체로, 그 자체로 순수하고 깨끗해야 했다. 그러나 갈릴레이가 망원경으로 관찰한 태양의 표면은 순수하지 않았고 수많은 흑점이 박혀 있었다. 교회를 상징하던 천체인 달도 거대한 산과 분화구와 계곡으로 뒤덮여 있었다.

과거 불빛이 밝지 않았던 시절에는 은하수를 맨눈으로도 쉽게 볼 수가 있었는데, 당시 사람들은 이를 지구 대기에 있는 불순물들이라고 생각했다. 울룩불룩한 은하수의 모습은 당시 사람들이 보기에는 아름답지 않았고, 이는 신성한 천구에 있어서는 안 되는 존재였다.

갈릴레이가 망원경으로 관찰한 사실은 달랐다. 관측 결과 은하수는 수많은 별들의 무리였다. 이는 별들의 분포가 균일하지 않으며, 은하수에는 다른 곳에 비해 더 많은 별이 몰려 있다는 의미였다. 이에 더해 은하수에는 성간먼지로 별빛이 가려져 군데군데 거무칙칙한 부분이 존재했다. 이 발견은 아름다움과 영원, 순수의 상징이었던 천구의 이미지를 깨뜨리기에 충분했다.

갈릴레이는 더 나아가 목성을 공전하는 위성 4개를 발견한다. 우주에 지구가 아닌 또 다른 중심이 존재한다는 사실에 따라, 지구가 우주의 중심이라는 믿음은 폐기된다. 당시 갈릴레이는 정치적 처신을 목적으로 4개의 위성에 '메

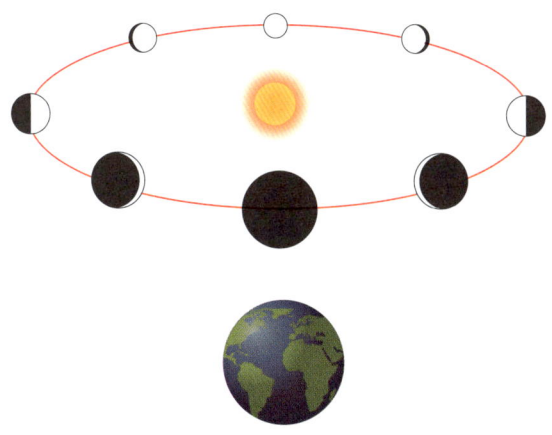

지구에서 관찰할 수 있는 금성의 상 변화

디치의 별$^{Medicean\ stars}$'이라는 이름을 붙이는데, 메디치는 당시 이탈리아에서 영향력이 가장 컸던 가문의 이름이었다.

또한 갈릴레이는 지동설을 지지하는 또 하나의 근거가 된 금성의 위상 변화를 관찰해낸다. 달의 위상이 변하듯이 금성 또한 그 모습이 초승달이나 보름달처럼 달라진다는 것을 발견한 것이다. 이는 천동설에서는 설명할 수 없는 현상으로, 태양을 중심으로 금성이 공전할 경우에는 아주 쉽게 설명할 수 있는 현상이었다.

이런 갈릴레이의 발견은 천동설에서 지동설로 넘어가는 중요한 계기가 되었고 사실의 정확한 관찰이 과학의 발전에서 얼마나 중요한지를 보여주었다. 망원경으로 본 우주의 민낯은 고대인들이 자신의 논리와 이념 내에서 상상했던 우주의 모습과 너무나 달랐다. 진정한 코페르니쿠스 혁명은 이렇게 시작되었다.

과학이 깨뜨린 천구

코페르니쿠스 혁명 이후 천문학을 포함한 과학 전반은 뉴턴이라는 걸출한 과학자를 통해 커다란 발전을 이룬다. 18세기 이후 과학자들은 뉴턴의 역학과 만유인력의 법칙으로 이 세상을 모두 설명할 수 있다는 자신감으로 넘쳐났다. 이때 꽃핀 계몽주의 또한 뉴턴으로부터 시작된 이성의 빛이 신화, 종교, 미신으로 드리워진 사회의 어둠을 물리칠 수 있으리라 믿었다.

나폴레옹이 프랑스의 수학자 피에르시몽 라플라스Pierre Simon de Laplace에게 "당신이 쓴 책에는 왜 신에 관한 언급이 없는가"라고 묻자 "내게는 그런 가설이 필요 없습니다"라고 대답했다는 일화는 당시 과학자들의 자신감을 상징적으로 보여준다. 하지만 그들은 아직 우물 안 개구리에 불과했다.

앞서 언급했듯이 독일의 천문학자 베셀은 1838년 처음으로 별의 시차를 측정했다. 시차는 가까울수록 커지고 멀수록 작아지므로, 이 원리를 이용하면 별까지의 거리를 간단히 계산할 수 있다. 그렇게 베셀이 시차를 통해 측정한 백조자리 61번 별까지의 거리는 11.6광년이었다. 그곳까지 도달하기 위해서는 빛의 속도로 무려 12년에 가까운 세월이 필요하다는 의미다. 천동설의 천구를 과감히 깨부수고 들여다본 밖의 세상은 이렇게나 광대했다.

반복하자면, 태양계에서 가장 가까운 별인 프록시마 센타우리도 4.26광년이나 떨어져 있다. 얼마나 먼 거리인지 쉽게 감이 오지 않을 것이다. 태양의 크기는 직경으로 따지면 지구의 100배, 부피로 따지면 지구의 100만 배에 달한다. 그렇다면 우주를 축소해 태양이 물방울 크기로 줄어든다면, 프록시마 센타우리까지의 거리는 얼마나 될까? 서울에서 수원까지의 거리에 해당한다. 만일 태양이 서울에 있는 물방울이라면 태양에서 가장 가까운 별은 수원에 있는 물방울이라는 의미다. 그 사이 공간은 대부분 비어 있다.

이처럼 우주는 광활하며, 사실상 빈 공간으로 가득하다.

따라서 별들끼리 충돌하는 일 또한 거의 발생할 수 없는 사건이다. 우리 은하$^{\text{Milky Way Galaxy}}$와 안드로메다은하가 설사 충돌하더라도 별들 사이의 거리가 워낙 멀기 때문에 태양계는 거의 아무런 영향을 받지 않을 가능성이 높다.

천문학에서 가장 정확한 거리 측정 수단인 시차에도 한계가 있다. 멀리 있는 별은 그만큼 시차가 작기에 아무리 성능 좋은 망원경이라도 정확한 측정이 불가능하다. 2020년 기준 우주망원경을 이용한 시차 거리 측정의 한계는 약 8만 광년이다. 우리 은하의 크기가 약 14만 광년이니 우리 은하를 벗어난 천체까지의 거리는 시차를 통해 측정하는 것이 불가능하다.

별의 밝기를 통해 거리를 측정하는 방법도 있다. 예를 들어 밝기가 100루멘(lm)인 LED 전구를 관찰해보자. 눈앞에 둘 경우 눈이 부시도록 밝겠지만 100미터 떨어진 곳에서 볼 때는 상당히 어두워 보일 것이다. 빛의 에너지는 광원으로부터 사방으로 분산되기 때문이다. 거실에 흔히 장만하는 디퓨저에 코를 갖다 대면 매우 강한 향이 느껴지지만 멀리 떨어질수록 향이 약해지는 것과 같은 원리다. 이 원리를 이용하면 역으로 LED 전구까지의 거리를 우리가 관찰하는 겉보기 밝기로부터 구할 수 있다.

별의 경우도 마찬가지다. 어떤 별의 절대 밝기를 안다면, 지구에서 관찰하는 겉보기 밝기를 통해 그 별까지의 거리를 계산할 수 있다. 어둡다면 그만큼 멀리 있다는 것이고, 밝다면 그만큼 가까이 있는 것이다.

독일 출신의 영국 천문학자 윌리엄 허셜William Herschel은 1781년 천왕성을 발견하며 유명해졌다. 그의 또 다른 흥미로운 작업은 각 별까지의 거리를 측정해 우주의 지도를 그린 것이었다. 이를 위해 허셜은 모든 별의 절대 밝기가 태양과 똑같다고 가정하는데, 당연히 정확한 가정은 아니었지만 우리 은하의 적지 않은 별들이 태양 정도의 밝기로 빛나고 있기에 터무니없는 가정도 아니었다.

허셜의 우주 지도에서 태양계는 비교적 한가운데에 위치해 있다. 비록 지구가 우주의 유일한 중심은 아니더라도, 여전히 태양계는 우주의 중심이라는 바람 혹은 편견이 작용한 것으로 보인다.

이후 19세기 중반 이탈리아 로마의 예수회 신부이자 천문학자였던 안젤로 세키Angelo Secchi가 별의 스펙트럼 형태에 따라 별을 다양한 그룹으로 분류했던 일은 천문학의 중요

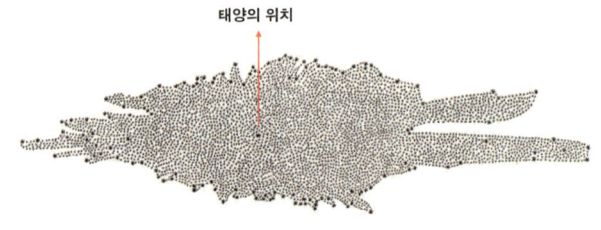

허셜이 작성한 우주 지도

한 전환점이었다. 그 이후 20세기 양자역학의 발전과 함께 별의 스펙트럼 관측은 천문학의 가장 핵심적인 주제의 하나가 되었고 진정한 의미에서 '현대 천문학'이 시작되었다. 그리고 이 작업에 가장 선구적인 일을 한 그룹은 미국의 하버드대학 천문대에 있었다.

특히 1877년부터 1919년까지 하버드대학 천문대의 대장이었던 에드워드 피커링Edward Pickering 밑에서 일했던 여성 천문학자들의 활약은 오늘날에도 전설로 남아 있다. 이들은 계산을 담당하는 사람이라는 의미에서 '컴퓨터'라 불리곤 했는데 때때로 피커링의 하렘harem이라는 여성 비하적인 표현으로 불리기도 했다.

미국에서 여성이 참정권을 가진 것은 1920년으로 여성에 대한 차별이 그만큼 심했던 불행한 시대였다. 이들의 주 업무는 수천 개의 별 관측 자료를 분류하고 그로부터 각종 물리량을 계산하는 것이었다. 피커링이 이 일을 여성들에게 맡긴 이유는 당시 여성의 인건비가 남성의 반에 불과했기 때문이었다.

그중 한 명이었던 헨리에타 리비트$^{Henrietta\ Leavitt}$는 주당 10.5달러라는 박봉의 인건비를 받으며 1903년부터 1908년까지 마젤란은하에 있는 1777개의 변광성 관측 자료를 분석했다. 변광성이란 빛의 밝기가 시간에 따라서 변하는 별을 말하는데, 별빛의 밝기가 이처럼 변하는 이유는 별의 크기가 팽창했다가 줄어드는 진동을 반복하기 때문이다. 리비트는 이 변광성들 중에서도 세페이드 변광성이라 불리는 별들을 면밀하게 분석한 결과, 이 변광성의 최대 밝기와 진동 주기 사이에 깔끔한 상관관계가 있다는 사실을 발견한다. 다시 말해, 진동 주기가 짧을수록 어둡고 주기가 길수록 밝았던 것이다.

앞서 설명했듯이 우리가 어떤 별의 절대 밝기를 미리 안다면 관측된 겉보기 밝기와 비교해 별까지의 거리를 구할

우리 은하의 변방에 위치한 태양계 ⓒ NASA/JPL-Caltech

수 있다. 문제는 일반적으로 별의 절대 밝기를 정확히 알기가 어렵다는 점에 있다. 반면 세페이드 변광성의 변광 주기는 관측을 통해 쉽게 알 수 있다. 리비트가 발견한 상관관계를 이용하면 변광 주기 측정을 통해 별의 절대 밝기를 추정할 수 있고, 이를 통해 그 별까지의 거리도 구할 수 있다.

미국의 천문학자 할로 섀플리$^{Harlow\ Shapley}$는 1919년경 월슨산 천문대장으로 있던 시절, 구경 60인치인 당시로서는 세계에서 가장 큰 망원경으로 우리 은하에 세페이드 변광성을 관측해 우리 은하의 크기를 측정하는 연구를 수행했다. 그가 구한 값은 30만 광년이었다. 오늘날 우리가 아는 14만 광년에 비해 두 배가 넘게 큰 값이었지만 당시의 관측 오차를 감안하면 의미 있는 성취였다. 또한 섀플리는 태양계가 은하의 중심으로부터 상당히 멀리 떨어진 곳에 있다는 점도 밝혀낸다. 태양계도 우주의 중심이 아니었던 것이다.

그러나 섀플리는 여기에서 멈추고 만다. 태양계가 더 이상 우주의 중심이 될 수 없다는 것은 밝혔지만, 우리 은하가 우주의 전부가 아닐 수도 있다는 것은 의심하지 않았던 것이다.

에덴에서 추방된 인간

우주를 관찰하다 보면 별 외에도 안드로메다와 같이 구름처럼 뿌옇게 보이는 천체들을 상당수 발견하게 된다. 당시 사람들은 이 천체의 정체를 제대로 알지 못했기에 뿌옇게 보이는 천체들을 모두 성운이라 불렀다.

일찍이 독일의 철학자 칸트는 성운을 '섬우주Island Universe'

라 부르며 우리 은하 밖에 있는 또 다른 우주라고 생각한 바 있다. 유한한 우주는 신의 무한한 속성을 반영할 수 없다고 생각한 칸트는 우리 은하와 같은 우주가 무한히 많다고 생각했다. 하지만 섀플리는 우주의 끝을 발견했다는 생각에 큰 자부심을 가지고 있었고, 우리 은하가 우주의 전부라는 주장을 쉽게 굽히지 않았다.

섀플리의 자존심에 상처를 낸 사람은 윌슨산 천문대에서 활동했던 천문학자인 에드윈 허블Edwin Hubble이었다. 섀플리가 하버드대학 천문대로 직장을 옮긴 후 허블은 윌슨산 천문대의 구경 2.5미터 망원경을 거의 독점적으로 사용하며 안드로메다에서 관찰되는 세페이드 변광성을 이용해 거리를 측정했다.

허블이 1923년 얻은 안드로메다까지의 거리는 약 90만 광년이었다. 오늘날 알려진 더 정확한 값은 254만 광년이다. 은하의 크기는 14만 광년에 불과하니 안드로메다는 명백히 우리 은하 밖에 있는 또 다른 은하였다. 결국 칸트의 통찰이 옳았던 것이다. 우리 은하는 수없이 많은 은하 중의 하나에 불과했다.

허블이 안드로메다의 거리를 측정한 지 벌써 100년에

가까운 세월이 흘렀다. 그 사이 망원경의 성능과 외부 은하의 거리를 측정하는 방법은 허블의 시대와는 비교할 수 없을 만큼 눈부시게 발달해왔다. 오늘날에는 우주의 크기가 어느 정도인지, 우주에는 얼마나 많은 별과 은하가 존재하는지 비교적 정확히 알고 있다. 우리 은하의 직경은 약 14만 광년이고 우리 은하 안에 있는 별들의 숫자는 적게는 2000억 개에서 많게는 1조 개에 달한다.

우리 은하를 주변으로 약 800만 광년의 반경 이내에는 또 다른 은하들이 다양하게 존재하며 서로 중력의 영향을 받고 있다. 이를 국부 은하군local galactic group이라 부른다. 안드로메다은하도 그중의 하나다. 특히 안드로메다은하와 우리 은하는 중력에 의해 서로 다가가고 있는 중이며 45억 년 후에는 둘이 충돌해 하나의 은하로 합쳐질 것으로 보인다.

국부 은하군은 또다시 주변의 다른 국부 은하군들과 더불어 반경 7500만 광년 이내에 버고 은하단virgo supercluster을 이룬다. 이 은하단 주변으로는 더 많은 은하단들이 존재하며 이들이 합쳐져 반경 5억 광년 이내에 약 10만 개 은하들의 모임인 국부 초은하단local supercluster을 이룬다. 우리가 관측 가능한 우주는 수많은 초은하단들의 모임이다.

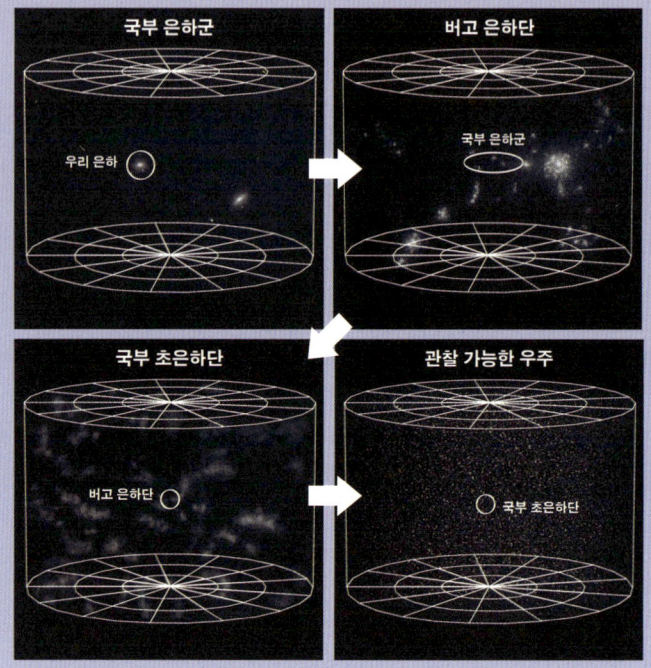

수많은 은하들로 이루어진 우리 우주의 모습

관측 가능한 우주의 크기인 반경 약 465억 광년에 존재하는 은하들은 약 2조 개에 이를 것으로 추산된다. 은하 하나에 평균적으로 수천억 개의 별이 있으니, 우주 전체에 존재하는 별의 개수는 적어도 10^{23}개 이상인 셈이다.

이런 압도적인 숫자를 마주할 때 이 우주가 마치 별들과 은하로 꽉 채워져 있는 것이라 생각할 수 있지만 앞서도 언급했듯이 별들 사이의 평균 거리는 상당히 멀다. 우리가 밤하늘을 올려다봤을 때 별빛이 빽빽하게 들어차 있는 것처럼 보이는 것은 착시 효과에 불과하다. 실제 우주 공간은 텅 빈 공간과도 같다.

태양의 평균 밀도는 세제곱센티미터당 약 1.4그램 정도로 물의 밀도보다 높다. 하지만 우주 전체의 평균 밀도는 세제곱센티미터당 10^{-30}그램에 불과하다. 물방울 크기 정도의 공간에 전자 하나가 채 없을 정도로 거의 진공에 가깝다. 우주 공간의 온도 역시 절대 온도 0에 가까울 만큼 차디차다.

플라톤 이후 수많은 세월 동안 인류가 밝힌 우주의 모습은 더 이상 아늑하지 않다. 세계는 우리를 중심으로 돌아가고 있지도 않았다. 지구는 신의 보살핌을 받는 에덴동산이 아닌 차디찬 암흑의 공간을 떠도는 외톨이었다. 우리 옆에는 아무도 없다. 그 누구도 우리를 보호해주지 못한다. 코페르니쿠스의 혁명은 인간이 우주의 중심에서 가장자리로 밀려나는 과정이었다고 할 수 있다. 천문학의 발달 과정은 사실상 인간 굴욕의 역사였다. 인간은 에덴에서 쫓겨났다.

반짝이는 별들을 보며 낭만을 느낄 수도 있지만, 광대하고 먹먹한 공간을 보며 두려움에 사로잡힌다 해도 전혀 이상하지 않다. 지구를 벗어나는 순간 인간은 순식간에 얼어버릴 것이다. 그곳은 죽음의 공간이다.

고대인들에게 세상은 생기로 가득 차 있는 곳이었다. 살아 있음은 자연의 매우 기본적인 상태였고, 오히려 그들이 이해하지 못한 것은 '죽음'이었다. 만물에 생기가 가득한데 왜 어느 순간 생물은 죽음을 맞이하는가?

21세기를 살아가는 우리에게는 생명이 아니라 오히려 죽음이 우주의 기본적인 상태인 것처럼 보인다. 현대인들은 이제 고대인들과는 정반대의 질문을 던지고 있다. 죽음의 공간인 우주에서 생명이라는 불가능해 보이는 기적이 도대체 어떻게 일어날 수 있었을까? 그리고 이 우주는 도대체 무엇이란 말인가?

Q 묻고
답하기 A

다중 우주란 무엇인가? 은하가 무리를 이룬 은하단과는 다른 개념인가?

과거 사람들은 우리 은하가 우주의 전부라고 생각하는 경향이 있었기에 외부 은하를 또 다른 우주인 '섬우주'라 부르곤 했다. 오늘날의 관점에서 우주란 수조 개의 은하가 있는, 반경이 465억 광년에 달하는 광대한 공간이다. 그렇다면 이런 질문이 따르는 것은 자연스럽다. 우리 은하 밖에 또 다른 은하가 있는 것처럼, 우리가 관찰할 수 있는 우주 저 너머에 또 다른 우주가 있지 않을까?

우리가 볼 수 있는 우주의 경계는 빛의 속도에 제한을 받지만 그 너머에 우리 우주와 동일한 물리법칙이 적용되는 우주 공간이 있을 가능성은 매우 높다. 빅뱅의 시작을 탐구하는 인플레이션 이론 inflation theory은 나아가 우리 우주와 전혀 다른 물리법칙이 적용될 수 있는 우주가 무한에 가까운 숫자로 존재할 수 있음을 예측한다. 현재로서 그런 다른 세계의 존재를 확인할 수 있는 방법은 없다.

과학에서 법칙과 이론의 의미는 어떻게 다른가?

과학적 이론을 흔히 '가설'과 혼돈하는 경우가 많다. 그래서 법칙은 영원불변한 것, 이론은 임시적인 것으로 구분하기도 한다. 이는 상당 부분 잘못된 인식이다. 물론 가설에 가까운, 검증이 필요한 이론들도 분명 존재하지만, 상대성이론과 같이 잘 정립된 이론은 과학자 사회에서는 법칙 못지 않게 중요한 과학적 사실로 받아들여지고 있다.

법칙이란 자연에서 발견되는 규칙적인 현상을, 이론은 이런 법칙이 어떤 방식으로 작동하는지를 설명하는 것이기에 이론은 오히려 법칙을 포괄하는 개념이다. 법칙이라는 것은 하늘에서 뚝 떨어진 것도 아니고 신이 계시한 것도 아닌, 과학자들이 발전시킨 이론에 따라 '이제부터 이런 자연의 규칙성을 법칙이라 부르자'라고 말하는 것에 불과하다.

또한 모든 법칙이 영원불변하리라는 법도 없다. 우리가 법칙이라고 부르는 현상이 수천조억 년 후에도 여전히 동일한 규칙성을 보일지는 아무도 모르는 일이기 때문이다.

2부 _____

빅뱅,

우주는

어떻게
시작되었는가

뜨겁고 조밀한 점이었던 태초의 우주는 빅뱅을 통해 138억 년이라는 긴 역사를 시작한다. 빅뱅은 우연적이고 단회적인 사건으로부터 우주와 지구, 생명이 탄생했음을 말해준다.

빅뱅을 발견해낸
과학자들의 위대한 질문

밤하늘은 왜 어두울까

우리는 초등학생 시절 지구의 자전을 통해 하늘이 태양을 향하면 밝은 낮, 반대쪽을 향하면 어두운 밤이 된다고 배웠다. 이는 너무나 당연해 의심의 여지조차 없어 보인다. 그러나 이 당연해 보이는 사실이 곰곰이 생각해보면 매우 신기한 현상임을 깨달은 사람들이 있었다. 이 깨달음은 빅뱅의 발견에도 중요한 역할을 한다. 밤하늘은 왜 어두울까? 독일의 천문학자이자 물리학자 하인리히 올베르스^{Heinrich Olbers}에 의해 유명해진 이 질문을 흔히 '올베르스의 역설'이라 부른다.

이 역설이 나온 배경에는 우주가 정적이고 영원하며 무

한한 곳이라는 믿음이 있었다. 우주를 구성하는 별들 역시 우주 공간 어디에나 균일한 방식으로 편만하고 영원히 존재해왔다고 여겨졌다. 이는 올베르스가 활동하던 시절에 광범위하게 받아들여졌던 우주관이었다. 고대 그리스의 천문학에서는 우주가 시간적으로는 영원했지만, 공간적으로는 무한하지 않았다. 천동설에 따르면 천구는 하루에 한 번 회전한다. 만약 별이 무한한 거리에 있다면 유한한 시간에 한 바퀴를 돌 수 없을 것이다. 그러나 지동설의 관점에서는 이런 공간적 제한이 더 이상 불필요하다.

올베르스의 역설을 처음 인식한 사람은 코페르니쿠스의 지동설 모델에 기반해 우주가 영원하고 정적이라고 주장했던 영국의 천문학자 토마스 딕스Thomas Digges였다. 그는 신은 제한받지 않고 무한하기에 신의 속성을 반영하는 우주 역시 경계가 없고 무한하다고 생각했다.

만유인력의 법칙을 제창한 뉴턴 역시 우주가 무한하고 정적이며 영원하다고 믿었다. 하지만 절대 시간과 절대 공간이라는 개념을 도입하며 그전 세대의 우주관과는 궤를 달리했다. 무의 공간은 존재하지 않으며 공간이란 개념은 물질과의 관계에서만 정의될 수 있다고 생각했던 아리스토텔레스나 데카르트와는 달리, 뉴턴은 공간이 물질과 무관하게 독립적으로 존재하는 실체라고 여겼다. 더 나아가 우주의 공간은 무한하지만 별들은 공간에 무한히 퍼져 있지 않고 유한한 공간에만 존재한다고 주장했다. 물질의 세계는 유한하지만 무한한 공간에는 신의 성령이 거주한다고 생각한 것이다.

그러던 어느 날, 영국의 신학자 리처드 벤틀리^{Richard Bentley}는 뉴턴에게 묻는다. 그는 신의 존재를 증명하기 위해 뉴턴의 물리학을 사용하고자 한 인물이었다. 유한한 공간에 존재하는 별들에게 중력은 어떤 방식으로 작용하는가? 벤틀리의 이 질문을 통해 뉴턴은 자신의 우주관이 만유인력의 법칙과 모순된다는 사실을 깨닫는다.

만유인력의 법칙이 말하는 중력은 특이한 힘이다. 중력을 제외한 다른 종류의 힘, 예를 들어 전자기력은 극성이 같으면 서로 밀어내지만, 극성이 다르면 서로 당기는 힘을 가지고 있다. 이 경우 양극과 음극이 완벽하게 서로를 상쇄할 수 있다. 우리 몸의 물질들을 하나의 개체로 유지하고 있는 힘도 전자기력인데, 이는 중력보다 10^{44}배나 강한 힘이다.

만일 나의 몸이 양의 극성을 띠고 있고, 1미터 앞에 있는 상대의 몸이 음의 극성을 띠고 있다면 전자기력의 인력으로 둘은 순식간에 서로 충돌해 온몸이 뭉개질 것이다! 이토록 강한 힘을 우리가 서로 느끼지 못하는 이유는 우리 몸의 양과 음의 전하가 서로 상쇄되어 밖에서는 아무런 전하를 느낄 수 없기 때문이다.

중력은 다르다. 중력은 질량만 있으면 서로 무조건 잡아당긴다. 서로 밀어내는 힘이 존재하지 않는다. 그러므로 우주의 별들이 유한한 공간 안에 있다면 안정적인 상태에 머물 수 없을 것이다. 서로 잡아당기는 힘밖에 존재하지 않기 때문에 질량의 중심점을 향해 붕괴할 수밖에 없다. 이는 정적이고 영원한 우주라는 믿음에 어긋난다.

이 사실을 깨달은 뉴턴은 자신의 우주관을 수정한다. 우주가 붕괴하지 않기 위해서는 별 역시 우주 공간 전체에 균일하고 무한하게 존재해야만 한다. 그럴 경우에만 중력이 서로를 상쇄해 한 중심으로 별들이 몰리는 것을 막을 수 있기 때문이다. 이 가설은 필연적으로 올베르스의 역설을 일으킨다. 만일 무한한 수의 별들이 우주 어디에나 영원히 존재한다면 우리가 하늘을 바라볼 때 모든 시선 방향으로 적

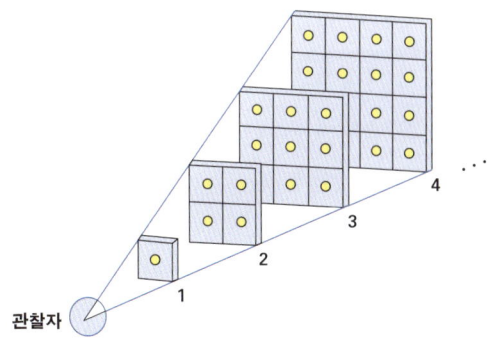

거리의 제곱에 비례하는 표면적과 별의 개수

어도 하나 이상의 별이 보일 것이다. 나무가 무성한 숲에 가면 어디를 바라보든 적어도 나무 한 그루가 시선 방향에 걸리는 것과 같은 이치다. 따라서 밤이라 할지라도 하늘에 어두운 빈 공간이 보이지 않아야 정상이다.

이 생각을 조금 더 수학적으로 엄밀하게 발전시켜보자. 위의 그림에서 알 수 있듯, 별을 관찰할 때 우리 눈의 시야에 들어오는 천구 껍질의 면적은 그 거리가 멀어지면 멀어질수록 넓어지고, 발견되는 별의 개수도 그만큼 더 많아진다. 예를 들어 거리가 4배 멀리 있는 곳의 표면적은 4의 제곱인 16배이고 그곳에 있는 별의 개수도 16배로 늘어난다.

이제 우주 공간의 별들의 밀도가 일정하고 평균 밝기 또한 모두 같다고 가정해보자. 이 경우 거리가 1광년에 위치한 천구 껍질의 별보다 2광년에 위치한 천구 껍질의 별은 2배가 더 많다. 4광년에 위치한 천구 껍질에는 16배 더 많은 별이 있을 것이다.

다른 한편, 별빛은 사방으로 퍼지기에, 지구에서 바라본 천체의 밝기 정도인 겉보기 밝기는 거리의 제곱만큼 어두워 보인다. 별까지의 거리가 2배로 늘어나면 4배 어두워 보이고, 거리가 4배로 늘어나면 16배 더 어두워 보인다. 별의 개수는 거리의 제곱에 비례해서 늘어나는 반면, 별의 밝기는 거리의 제곱에 반비례해서 어두워지는 것이다. 따라서 이들의 상쇄로 우리 눈에 보이는 별들의 총 밝기는 거리와 무관하게 일정하다. 즉 밤하늘은 대낮처럼 밝아야 하는 것이다!

이 역설의 해결을 위해 올베르스는 별들 사이에 존재하는 성간물질들이 별빛을 흡수하기 때문에 밤하늘이 어둡다는 주장을 한다. 그러나 이는 임기응변적 가설일 뿐이다. 별이 무한히 많고 영원히 빛난다면 별들 사이의 성간물질들도 무한이라는 시간 동안 끊임없이 별빛을 받아 가열되었을 것이다. 결국 성간물질도 별의 에너지와 평형을 이루어 별처럼 밝게 빛나야 정상이다.

우주의 열적 죽음

무한하고 정적이며 영원한 우주라는 개념은 올베르스의 역설 외에 또 다른 문제를 내포하고 있다. 열역학 제2법칙과 모순되는 상황이 발생하는 것이다. 열역학 제2법칙이란 고립된 계에서 엔트로피entropy는 감소하지 않는다는 사실을 뜻한다. 흔히 과학자들은 대중에게 쉽게 다가가기 위해 엔트로피가 낮은 상태를 질서, 엔트로피가 높은 상태를 무질서에 비유하곤 한다. 안타깝지만 엔트로피를 이렇게 질서와 무질서로 설명하는 방식은 과학적으로 적절하지 않고 수많은 오해를 일으켜왔다.

여기에서는 엔트로피를 비교적 단순한 방식으로 이해하기 위해 질서와 무질서 대신 평형과 비평형이라는 개념을 쓰도록 하겠다. 평형과 비평형은 일상에서 항상 체험하는 일들이다. 예를 들어 겨울바람에 꽁꽁 언 손을 갓 끓인 커피잔에 대어보자. 커피와 손의 온도가 서로 큰 차이를 보이는 비평형의 상황이다. 이때 커피의 열에너지가 차가운

손에 전달되며 손은 따뜻함을 느낀다. 반면 커피는 차가운 손과 주변으로 열에너지를 잃기에 점점 식어간다. 비평형은 이렇게 변화를 일으킨다.

이제 커피잔을 테이블 위에 내려놓고 커피의 온도 변화를 지켜보자. 처음에는 서서히 온도가 내려가다가 한 시간쯤 지나면 더 이상 변화가 없을 것이다. 커피의 온도와 주변의 온도가 같아지는 평형 상태에 도달하기 때문이다. 평형 상태에서는 변화가 멈춘다.

엔트로피의 값은 비평형 상태에서 낮고 평형 상태에서 최대가 된다. 엔트로피 법칙에 따르면 닫혀 있는 계의 엔트로피는 항상 증가한다. 자연은 외부의 간섭이 없을 경우 항상 비평형에서 평형 상태로 이동하는 성질을 갖는다는 뜻이다. 실내 온도와 평형을 이룬 커피가 저절로 100도로 끓는 일은 절대 일어날 수 없다. 비평형에 상응하는 낮은 엔트로피는 자발적으로 변화가 일어날 상황을 암시하며 이런 의미에서 불안정한 상황이다. 세상의 모든 변화는 비평형 상태에서 일어난다.

겨울에 차가운 시베리아 바람이 한국에 오는 이유도 시베리아의 압력이 한국보다 높기 때문이다. 태양의 뜨거운 열이 지구까지 전달될 수 있는 이유도 우주 공간과 지구가 태양에 비해 너무나 차갑기 때문이다.

반면 평형 상태의 높은 엔트로피는 자발적 변화의 가능성이 없다는 뜻이며 안정한 상태라고도 말할 수 있다. 변화가 없다는 것은 생기를 잃는다는 뜻이기도 하다. 생명체가 살아 있는 이유는 끊임없이 광합성이나 음식 섭취를 통해 외부로부터 에너지를 획득하며 스스로를 주변 환경과 비평형 상태로 유지하기 때문이다. 만일 당신이 고립된 감옥에 갇혀 있다면 며칠을 견디지 못하고 죽음을 맞이할 것이다.

이렇게 엔트로피가 최대에 이른 상태를 흔히 '열적 죽음 thermal death'이라 부른다. 우주가 정적이고 영원했다면 우주는 이미 열적 평형 상태, 즉 열적 죽음에 도달했어야 한다.

그렇다면 왜 우리가 살고 있는 우주는 열적 죽음에 도달하지 않았을까? 기독교 전통에 젖어 있던 당시 유럽인들이 내놓을 수 있는 가장 쉬운 답은 아마 다음과 같았을 것이다. '우주는 영원하지 않았고 과거 어느 시점에 신에 의해 창조되었다.'

우주가 유한한 시간에만 존재했다면 올베르스의 역설도 쉽게 해결될 수 있다. 빛의 속도에는 한계가 있기에, 아주 멀리 떨어져 있는 별들의 빛이 지구까지 도달하는 데는 오랜 시간이 걸린다. 우주의 나이가 충분히 젊다면 오직 가까운 별들의 빛만 지구에 도달할 수 있었기에 밤하늘은 어두울 것이다. 실제로 19세기 말과 20세기 초 유럽의 일부 철학자들과 신학자들은 엔트로피 법칙을 거론하며 신에 의한 우주 창조를 변증하려고 했다. 하지만 우주가 시간적으로 유한할 가능성을 그 당시 진지하게 고려한 과학자는 거의 없었다.

아인슈타인의 우주상수

시간이 흘러 1915년 아인슈타인은 일반상대성이론을 발표한다. 뉴턴의 만유인력의 법칙은 중력의 세기가 질량에 비례하고 거리의 제곱에 반비례한다는 사실만 알려주었을 뿐, 중력의 원인에 대해서는 침묵했다. 뉴턴에게 중력은 설명할 수 없는 신비였다. 아인슈타인은 물질과는 독립된 절대 공간과 절대 시간이라는 뉴턴 역학 체계에서 벗어나면서 이 신비를 벗기기 시작한다.

그는 시간, 공간, 물질이 상호 관계에서만 정의될 수 있다고 생각했다. 이 생각에 따르면 질량은 주변의 시공간을 일그러뜨린다. 이 일그러짐으로 주변의 사물은 가속운동을 하며, 가속은 사물에 힘을 느끼게 한다. 이 힘이 바로 중력이다. 다시 말해 중력은 사물이 가속할 때 받는 힘, 즉 관성력과 동일한 원리로 작동한다. 이를 등가원리라고도 하는데, 일반상대성이론의 핵심이다.

사물이 가속할 때 힘이 작용한다는 사실 자체는 뉴턴의 운동법칙에 해당한다. 버스가 갑자기 출발하거나 멈출 경우 승객들이 힘을 느끼는 것이 한 예다. 절대 시간과 절대 공간이라는 프레임에 갇혀 있던 뉴턴은 자신이 발견한 이 힘의 원리가 중력이라는 신비까지도 포괄적으로 설명할 수 있다는 사실을 미처 깨닫지 못했다.

아인슈타인의 새로운 중력 이론은 다음의 방정식으로 기술된다. 흔히 장 방정식이라 불리는 이 끔찍한 수식을 굳이 여기 가져온 것은 결코 이해를 돕기 위한 것이 아니다. 피카소의 그림을 감상하듯 단순히 구경할 수 있는 기회를 제공하고자 한 것이다. 우리는 현대 미술 화가가 캔버스에 무슨 짓을 해놓았는지 도무지 감을 잡지 못하면서도, 단순히 그의 그림이 유명하다는 이유로 열심히 감상하지 않는가.

그러니 겁먹지 말고 잠시 일반상대성이론이 어떻게 생

겼나 살펴보기로 하자. 피카소의 그림이 세상을 놀라게 했다면 이 방정식은 아예 세상을 뒤집어놓았다. 당신의 그윽한 시선을 잠시라도 받을 자격은 충분하다.

$$R_{\mu\nu} - \frac{1}{2}R g_{\mu\nu} = \frac{8\pi G}{c^4} T_{\mu\nu}$$

감상을 돕기 위해 의미를 간단히 설명하면 이렇다. 방정식의 등호 왼쪽은 시공간이 얼마나 많이 일그러졌는지를 나타내고, 오른쪽은 질량, 더 정확하게는 에너지가 어떻게 분포하고 있는지를 기술한다. 질량을 가진 물질은 시공간에 곡률을 갖게 하고, 이 곡률로 사물은 힘을 느끼며 운동한다.

아인슈타인은 1917년 이 방정식을 전 우주에 적용했을 때 뉴턴이 직면했던 것과 동일한 문제에 마주친다. 이 방정식에 따르면 우주는 정적인 상태를 유지할 수 없다. 예를 들면 별들의 중력에 의해 우주는 한 점으로 몰려 붕괴해야 했다. 동시대 사람들이 흔히 그랬듯 변화하는 우주, 혹은 진화하는 우주라는 생각에 거부감을 지녔던 아인슈타인은 우주를 정적으로 만들기 위해 우주상수 cosmological constant Λ를 앞의 방정식에 도입한다.

$$R_{\mu\nu} - \frac{1}{2}Rg_{\mu\nu} = \frac{8\pi G}{c^4}T_{\mu\nu} + \Lambda g_{\mu\nu}$$

우주상수를 물리적으로 해석한다면 공간이 중력에 반해 팽창하도록 만드는 진공에너지에 해당한다. 오늘날에는 흔히 암흑에너지라 부르곤 한다. 오늘날에는 암흑에너지의 증거가 계속해서 쌓여가고 있지만, 아인슈타인이 활동하던 당시 암흑에너지의 과학적 근거는 어디에도 없었다. 우주상수의 도입은 단지 우주를 정적으로 만들기 위한 고육지책일 뿐이었다.

혐오스러운 우주

아인슈타인의 우주는 정적이었기에 그의 모델에서 우주의 공간 곡률반경은 시간에 따라 변하지 않는 상수였다. 러시아의 기상학자이자 물리학자 알렉산더 프리드만$^{Alexander\ Friedmann}$은 1922년과 1924년에 출판된 일련의 논문에서 우주의 공간 곡률반경이 시간에 따라 변할 수도 있다고 가정하고 아인슈타인의 장 방정식을 푼 결과를 발표한다.

프리드만의 해에 따르면 우주는 정적이지 않고 동적이다. 이는 우주가 끊임없이 계속 팽창하거나, 혹은 팽창하다가 곡률반경이 최대에 도달했을 때 다시 수축하는 가능성을 보여준다. 프리드만 모델의 흥미로운 점 중에 하나는 우주에 곡률반경이 0인 특이점이 존재한다는 사실이다. 이는 시공간의 시작점을 뜻한다.

프리드만의 우주 모델이 등장하기 이전, 우주의 창조 혹은 태초는 오직 종교나 신화에서만 논할 수 있는 성질의 주제였다. 설사 당시의 수많은 과학자들이 신의 창조를 믿었다 할지라도, 우주의 태초를 논하는 것이 과학의 영역이라고 생각한 사람은 거의 없었다. 그러나 프리드만을 통해 곡률반경이 0인 수학적 해가 등장하면서 비로소 태초가 과학의 영역으로 들어오는 길이 열린다.

물론 이것이 진지한 과학적 주제로 인정받는 과정은 쉽지 않았다. 아인슈타인은 프리드만의 논문을 읽은 후 처음에는 그의 계산에 무엇인가 잘못이 있다고 생각했다. 이후 프리드만의 계산이 정확하다는 사실을 깨달은 다음에도 여전히 프리드만의 해는 그저 수학적인 해일뿐 물리적인 의미는 없다고 주장했다.

한편 벨기에의 가톨릭 신부 조르주 르메트르 ^{Georges Lemaître}는 프리드만의 업적을 모르고 있던 상태에서 프리드만이 발견한 것과 동일한 장 방정식 해를 1927년에 발견한다. 르메트르는 더 나아가, 프리드만의 장 방정식 해에 따라 우주가 팽창한다면 외부 은하의 후퇴속도는 거리에 비례할 것이라는 사실을 깨닫는다. 그리고 다음의 방정식을 유도한다.

여기에서 v는 외부 은하의 후퇴속도, r은 거리, H_0는 오늘날 허블상수라 불리는 우주의 팽창률을 의미한다.

$$v = H_0 r$$

아인슈타인의 상대성 원리에서 밝혀진 4차원 우주의 시공간은 마치 풍선의 표면처럼 유한하면서도 중심과 경계가 없다. 이 경우 외부 은하의 후퇴속도와 거리와의 상관관계 역시 팽창하는 풍선 표면의 움직임을 떠올리면 이해할 수 있다.

풍선 표면의 여러 곳에 점을 찍은 후 크게 부풀려보자. 서로 가까이 있는 점들의 경우 풍선이 팽창해도 서로 멀어지는 정도가 상대적으로 느린 반면, 서로 멀리 떨어져 있는 점들의 경우 멀어지는 정도도 빠르다는 것을 확인할 수 있을 것이다. 우주에서 은하들이 서로 멀어지는 모습도 이와 같다.

르메트르는 도출한 관계식을 관측적으로 검증할 수 있는 방법 또한 제시한다. 당시 활동하던 천문학자인 스웨덴의 크누트 룬트마르크$^{Knut\ Lundmark}$, 독일의 카를 비르츠$^{Carl\ Wirtz}$, 미국의 베스토 슬라이퍼$^{Vesto\ Slipher}$ 등이 관찰한 바 있는 여러 외부 은하의 적색이동$^{red\ shift}$이 우주의 팽창에 따른 현상이라고 주장한 것이다. 적색이동이란 어떤 광원이 빠른 속도로 관찰자로부터 멀어질 때, 관찰자에게 도달한 빛의 색이 전반적으로 붉어지는 현상을 뜻한다. 이를 흔히 도플러 효과$^{Doppler\ effect}$라 부르기도 한다.

쉽게 이해하기 위해 차들이 다니는 길가에 있는 상황을 상상해보자. 멀리 있던 자동차가 내게로 다가올 때 자동차의 소리가 점점 높아지다가, 나를 스쳐 지나가면 갑자기 소리가 낮아지는 현상을 누구나 경험한 적이 있을 것이다. 자동차가 만들어내는 음파의 주파수가 나에게 가까워질 때는 높아지고 멀어지면서 낮아지기 때문이다. 이렇게 관찰자가 파원과 서로 가까워지면 파동의 주파수가 높아지고, 멀어지면 주파수가 낮아지는 현상을 도플러 효과라 부른다.

전자기파인 빛의 경우도 마찬가지다. 빛을 방출하는 천체가 관찰자로부터 멀어지면, 그곳에서 나오는 빛의 주파

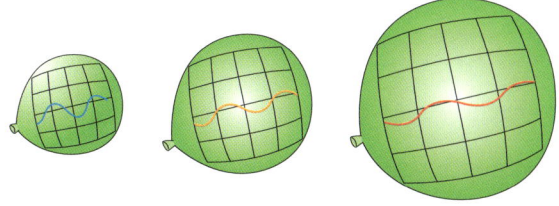

우주론적 적색이동

수가 낮아지고 파장은 길어져 원래의 색깔보다 붉게 보인다. 반대로 천체가 가까워지면, 그곳에서 나오는 빛의 주파수가 높아지고 파장은 짧아져 원래의 색깔보다 푸르게 보인다. 빛의 파장은 길수록 붉어지고 짧을수록 파래지기 때문이다.

외부 은하의 적색이동은 팽창하는 우주의 결정적 근거가 될 수 있다. 편의를 위해 우주의 공간이 풍선의 표면에 해당한다고 생각해보자. 위의 그림에서처럼 풍선 위에 물결무늬를 그린 후, 풍선을 불면 물결무늬 역시 풍선의 표면과 함께 늘어나게 될 것이다. 별빛의 파장도 같은 원리로 늘어난다. 빛의 색은 파장이 길수록 붉은색을 띠기 때문에, 우주 공간이 팽창하면 천체들이 방출하는 빛의 파장도 함께 늘어나 점점 색이 붉어지게 된다. 이를 우주론적 적색이동이라 부른다.

은하의 스펙트럼에서 관찰되는 적색이동이 단순히 은하들의 무작위적인 운동 때문이 아니라 우주 팽창에 따른 우주론적 적색이동이라고 생각한 점은 르메트르의 탁월한 통찰이었다. 하지만 그의 발견은 철저히 무시당한다. 르메트르는 이 역사적 논문을 당대 최고의 천체 물리학자였던 영국의 아서 에딩턴Arthur Eddington에게 보내 자문을 구했지만, 에딩턴은 그 논문을 제대로 읽지도 않고 서랍에 처박아놓았다.

이후 1927년 벨기에의 솔베이에서 열린 학회에서 르메트르는 아인슈타인에게 논문을 건네주며 의견을 구했다. 당시 아인슈타인은 그 논문을 읽고 다음과 같이 말했다고 전해진다.

당신의 계산은 정확하지만, 당신의 물리는 혐오스럽군요.

우주의 시작과 끝을 향한 지적 탐험

아인슈타인의 패배

우주론적 적색이동이 실제로 발생하는지는 어떻게 확인할 수 있을까? 별이나 은하의 빛을 분광기를 통해 여러 파장으로 분산시켜 관찰하는 분광 관측을 통해 이를 확인할 수 있다. 천체 대부분의 빛 스펙트럼에는 특정 파장에서 빛이 더 많이 흡수되거나 더 많이 방출되어서 만들어지는 흡수선이나 방출선 등이 존재한다. 그런데 만일 어떤 천체가 우주 팽창으로 우리로부터 멀어지고 있다면 다음의 그림에서 보듯이 흡수선들의 위치가 파장이 더 긴 쪽으로 이동하게 된다.

흡수선의 본래 위치에 해당하는 파장을 λ_0라고 하고 적

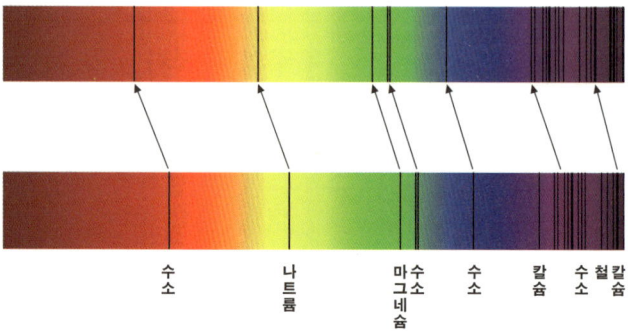

적색이동에 따라 붉은 쪽으로 이동하는 흡수선

색이동된 파장을 λ라고 하면, 적색이동의 수학적 정의는 다음과 같다.

$$z = \frac{(\lambda - \lambda_0)}{\lambda_0}$$

이 적색이동 값을 통해 천체의 후퇴속도도 간단히 구할 수 있다. 여기에서 c는 빛의 속도를 의미한다.

$$v = cz$$

실제로 허블은 24개의 다른 외부 은하에 있는 세페이드

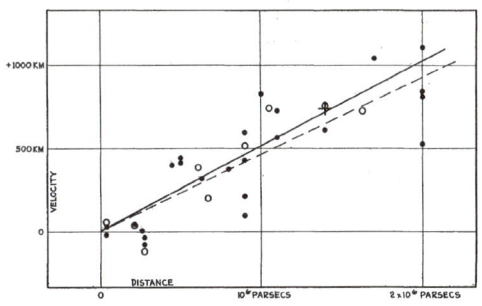

1929년 발표된 허블의 관측 결과. 가로축은 외부 은하까지의 거리를 파섹 단위로 나타내고 세로축은 외부 은하의 후퇴 속도를 초당 킬로미터 단위로 나타낸다.

변광성cepheid variable을 관측함으로써 이들의 거리를 구한다. 뿐만 아니라 각각 외부 은하의 스펙트럼을 관찰해 적색이동 값과 그에 따른 후퇴속도 또한 측정하는 데 성공한다. 그 결과가 1929년에 출판된 그의 논문에 실려 있다.

이를 통해 보면 은하까지의 거리와 후퇴속도 사이에 매우 선명한 상관관계가 있음을 알 수 있다. 즉 멀리 있는 은하일수록 더 빠른 속도로 후퇴하고 있는 것이다. 물론 이전에도 외부 은하의 적색이동을 관측한 결과들이 보고된 바 있었지만, 허블의 측정 결과와 같이 논란의 여지 없이 분명한 상관관계를 보여준 사례는 처음이었다. 르메트르가 장 방정식의 해를 통해 예측한 관계식이 허블의 관측을 통해 제대로 검증된 것이다.

그러나 허블은 관측 결과에 대한 이론적 해석을 하지 않았고, 이를 우주 팽창과 연관시키지도 않았다. 자신의 관측이 르메트르의 이론적 예측을 검증하는 데 쓰일 수 있다는 사실조차도 모르고 있었다. 아마 허블은 정적인 우주라는 동시대인들의 사고방식에서 크게 벗어나지 못한 상태였을 것이다. 고대 그리스인들이었다면 허블의 관측 결과를 '정적 우주'라는 이데아를 통해 구원하려고 했을 것이다.

20세기 초는 더 이상 그런 식의 과학을 하는 시대가 아니었다. 과학자라면 사실 앞에서 겸손해지는 법을 배워야 했다. 허블의 관측 결과는 분명, 우주는 정적인 상태에 있지 않고 동적인 상태에 있음을 말해주고 있었다.

허블의 관측 결과를 접한 르메트르는 자신의 1927년 논문을 에딩턴에게 다시 보내면서 2년 전에도 같은 논문을 보낸 적이 있음을 상기시켰다. 에딩턴은 그제서야 비로소 르메트르의 논문을 읽었고 르메트르의 우주 팽창 모델이 허블의 관측 결과를 가장 잘 설명할 수 있음을 인정했다. 기록에 따르면 1930년 6월 아인슈타인이 에딩턴을 방문한

적이 있고 이때 둘은 분명 허블과 르메트르에 관한 이야기를 나누었을 것이다.

그다음 해인 1931년 1월 아인슈타인은 허블이 활동하던 윌슨산 천문대 또한 방문했는데, 이때 그가 프리드만과 르메트르의 모델이 옳았고 우주상수는 자신의 일생 최대의 실수임을 공개적으로 인정했다고 흔히 알려져 있다. 하지만 이는 당시 정황을 극적으로 부풀린 가십에 불과하다.

어쨌든 허블의 관측 결과를 마주한 이후 아인슈타인 역시 오랫동안 숭배해왔던 이데아를 버렸다는 사실은 분명하다. 그 역시 아름다운 정적인 우주를 포기하고, 혐오스럽게 팽창하는 우주로 회심하는 것 외에 다른 길이 없었다.

외부 은하의 후퇴속도와 거리 사이의 상관관계는 허블의 관측 이후 오랜 기간 허블의 법칙이라 불려 왔었다. 하지만 이를 이론적으로 예측한 사람은 르메트르였고 많은 천문학자들이 르메트르에게도 합당한 크레딧을 주어야 한다고 끊임없이 문제 제기를 해왔다. 결국 2018년 국제천문연맹은 이 법칙을 공식적으로 '허블-르메트르의 법칙'으로 부르기로 결정했다. 아인슈타인, 에딩턴, 허블 등 당대 학계 스타들의 그늘에 가려 과소평가 받아왔던 르메트르가 오늘날 살아 있었다면 어떻게 반응했을지 궁금해진다.

우주의 나이를 구하다

허블의 기념비적 논문에서 관측으로 추정된 우주 팽창률, 즉 허블상수 값은 100만 파섹 떨어진 은하 기준 초당 558킬로미터였으며, 오늘날 측정한 최신 값은 약 70킬로미터다. 여기에서 파섹이란 시차가 1초에 해당하는 거리를 뜻하는 천문학적 단위로, 1파섹은 3.26광년이다. 허블-르메트르의 법칙에 따라 우주 팽창에 따른 후퇴속도는 거리와 선형적 상관관계가 있으므로 10만 파섹 떨어진 곳의 은하는 초당 7킬로미터, 1000만 파섹 떨어진 곳의 은하는 초당 700킬로미터의 값을 가진다.

허블의 측정값과 오늘날의 측정값이 10배 가까이 차이 나는 이유는 외부 은하의 거리를 측정하는 방법 자체의 한계를 들 수 있다. 또한 당시 망원경의 성능상 비교적 가까운 은하들만을 대상으로 관측했다는 점도 허블의 한계였다.

허블의 발견은 우리에게 한 가지 중요한 질문을 던진다. 우주가 이처럼 팽창하고 있다면 과연 과거 우주는 어떤 모습이었을까 하는 것이다. 과거로 갈수록 우주의 크기는 작아져야 하므로 우주는 한 점으로 몰리게 된다. 그렇다면 한 점에서 시작해 현재까지 팽창한 시간은 단순히 어떤 은하까지의 거리를 그 은하의 후퇴속도로 나눈 값이 될 것이다.

예를 들어 우리가 살고 있는 지구와 100만 파섹 떨어져 있는 은하가 위치한 곳은 우주의 시작점에서는 다 같은 한 점이었을 것이다. 그러므로 둘 사이가 100만 파섹으로 멀어질 때까지 걸린 시간은 다음과 같이 허블상수의 역수가 된다.

$$t = \frac{r}{v} = \frac{1}{H_0}$$

이렇게 추정된 우주의 나이를 천문학자들은 '허블시간 Hubble time'이라 부른다. 허블의 관측 결과인 100만 파섹 기준 초당 558킬로미터로 추정한 허블시간은 18억 년 정도다. 당시 지질학에서 추정한 지구의 나이가 대략 36억 년이었기에 우주는 지구보다 더 젊다는 결과가 나온다. 때문에 지구 나이보다도 짧게 추정된 허블시간은 당시 우주 팽창 이론을 반박하는 근거로 사용되기도 했다.

오늘날의 최신 결과인 100만 파섹 기준 초당 70킬로미터에 따른 허블시간은 140억 년 정도다. 물론 허블시간은 우주 나이의 근사 값이고 실제 우주의 나이는 보다 더 정밀한 계산이 필요하다. 2019년 기준 천문학자들이 추정한 우주의 나이는 138억 년이다. 이는 현대의 지질학자들이 추정한 지구의 나이 46억 년보다 훨씬 더 긴 시간이다. 우리 은하에서 관측된 별들 중 가장 나이가 많은 'HE 1523-0901'의 나이는 약 132억년으로 역시 허블시간보다 적다. 오늘날 더 이상 우주의 나이를 문제 삼아 이를 반박하는 사람은 없다.

결국 우리는 우주의 시작에 관한 질문을 제기할 수밖에 없다. 과연 우주에 시작이 있었을까? 그렇다면 우주는 영원하지 않고 유한하단 말인가? 우주의 시작은 신의 창조를 연상시킨다. 때문에 동적인 우주에 관한 이론을 제시했던 프리드만의 업적은 자국 소련에서 배척당한다. 신의 창조 신화를 연상시키는 프리드만의 이론이 당시 소련 공산주의자들이 믿었던 변증법적 유물론에 부합하지 않는다는 이유에서였다.

그런데 유물론자의 관점에서 매우 중요한 '물질'은 우주의 기원에 관해 과연 무엇이라고 말하고 있었을까?

별의 지문

프랑스의 계몽주의 철학자이자 사회학자 콩트는 1842년에 출판된 그의 대표 저서 『실증철학강의$^{Cours\ de\ philsophie\ positive}$』에서 우리는 결코 별의 내부 구성에 관해 알 수 없을 것이다라고 말했다. 별은 너무나 멀리 떨어져 있기에 우리가 할 수 있는 것은 그저 별의 거리나 질량을 측정하는 것일 뿐, 별의 화학적 성분에 관한 정보까지 얻는 것은 불가능하다고 판단한 것이다. 당시 과학기술의 수준에서는 맞는 말이었고, 실증주의자다운 생각이었다.

이런 회의적인 사고방식은 오늘날에도 존재한다. 우리가 살고 있는 우주 외에 다른 우주가 존재하는지 여부는 증거도 없고 발견할 수 있는 방법도 없으니 다중 우주를 탐구하는 것 자체가 무의미하다고 주장하는 것처럼 말이다. 이런 태도는 역사로부터 배우지 못한 비합리적인 성급함이다. 비행기도, 우주선도, 달 착륙도, 핵에너지도, 블랙홀의 발견도 한때는 다 실현 불가능한 판타지였다.

오늘날 우리는 별이 무엇으로 구성되어 있는지 매우 정확하게 알고 있다. 그 정보를 우리는 빛을 여러 파장으로 분산시킨 스펙트럼에서 얻는다. 모든 원소는 저마다 스펙

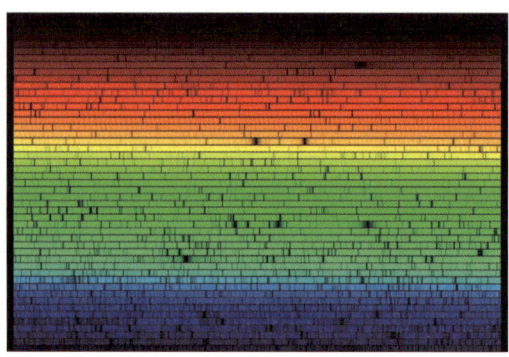

태양의 스펙트럼에 나타난 다양한 흡수선들

트럼의 특성이 다르므로, 어떤 물질이 빛을 방출할 때 분광기로 스펙트럼을 관찰하면 그 물질이 어떤 원소로 구성되어 있는지를 확인할 수 있다. 스펙트럼이 신원을 확인하는 지문 같은 역할을 하는 것이다.

그렇다면 태양의 지문은 어떻게 생겼을까? 위에 보이는 그림과 같다. 이 그림에서 색은 파장의 길이를 나타내며 붉은색일수록 긴 파장, 푸른색일수록 짧은 파장을 의미한다. 그 사이에는 수없이 많은 검은 선이 있는데, 이는 다양한 원소들에 의해 특정 파장의 빛이 흡수되어 만들어지는 흡수선들이다. 태양의 스펙트럼은 티끌 없는 무지개의 모습이 아닌, 매우 지저분한 흡수선들로 오염되어 있다. 자연은 원래 이처럼 매끈하지 않다.

19세기와 20세기 초반까지 태양의 스펙트럼을 보았던 이들 중 그 누구도 오늘날 태양의 주된 구성 성분으로 알려진 수소를 떠올리지 못했다. 수소의 스펙트럼은 비교적 단순한 형태를 띠고 있기 때문이다.

그러나 태양에는 철, 마그네슘, 칼슘 등과 같은 중원소들이 다양하게 분포하고 있기에 지저분해 보이는 흡수선들이 생기게 된다. 화산에서 분출된 뜨거운 용암의 스펙트럼 역시 태양의 스펙트럼처럼 복잡하다. 용암 속에 수많은 중금속들이 있기 때문이다. 그렇기에 사람들은 태양을 구성하는 물질이 지구를 구성하는 물질과 다르지 않다고 생각했다.

사실 20세기 초까지만 하더라도 천체를 구성하는 물질에 관한 정보는 오로지 가끔 하늘에서 떨어지는 운석으로부터 얻을 수 있었다. 운석은 지구에서 흔히 보는 돌덩이들과 크게 다르지 않아 보이므로 천체를 구성하는 물질과 지구를 구성하는 물질은 유사할 것이라는 생각이 보편적이었다. 당시 사람들에게 별이란, 수많은 운석의 충돌로 뜨겁게 달궈지며 형성된 거대한 용암 덩어리였다.

이런 믿음은 새로운 과학적인 관측을 통해 깨지기 시작한다. 개기일식 때 달이 태양을 완전히 가리게 되면 태양 대기의 가장 바깥층에 있는 얇은 가스층인 코로나corona가 태양 주변에서 뜨겁게 빛을 발하는 모습을 볼 수 있다. 프랑스의 천문학자 피에르 장센Pierre Janssen은 1868년의 개기일식 때 코로나의 스펙트럼을 관찰한 결과, 587.40나노미터(nm) 파장에 있는 특이한 선을 발견하고 이를 나트륨에 의한 선일 것이라 추측한다.

같은 해 영국의 천문학자 J. 노먼 로키어 Joseph Norman Lockyer는 이 스펙트럼을 조심스럽게 분석한 후, 지구에 존재하는 그 어떤 원소도 587.40나노미터에 있는 방출선을 설명할 수 없다는 사실을 발견한다. 이 방출선은 태양에만 존재하는 원소에 기인한 것이라 결론을 내리고 그리스어로 태양을 뜻하는 헬리오스Helios를 따서 헬륨helium이라는 이름을 붙인다.

그러던 중 1882년 이탈리아의 물리학자 루이지 팔미에리Luigi Palmieri는 방사능 물질이 많이 포함된 화산 용암의 스펙트럼에서도 587.40나노미터의 방출선이 존재함을 발견한다. 결국 과학자들은 헬륨이 우라늄이나 라듐과 같은 방사능 물질이 방출하는 알파입자와 동일한 것임을 깨달았다. 양성자 2개, 중성자 2개로 구성된 원자번호 2번인 헬륨은 불활성 기체로 지상에는 존재하지 않고 오직 방사능 붕괴를 통해서만 관찰될 수 있다.

그렇다면 왜 헬륨은 태양의 코로나에서 쉽게 발견될 수 있었을까? 당시의 지식으로는 태양에 있는 막대한 양의 방사능 물질이 헬륨 입자를 다량 방출하고 있기 때문이라는 해석이 가장 쉬운 설명이었다. 하지만 태양은 용암과는 전혀 다른 성분으로 구성되어 있다는 사실이 세실리아 페인 Cecilia Payne 이라는 영국의 젊은 천문학자를 통해 밝혀진다.

우주를 구성하는 물질

세실리아 페인이 열아홉 살이었던 1919년 5월 29일, 달이 태양을 완전히 가리는 개기일식이 일어난다. 이때 에딩턴이 이끄는 일련의 천문학자들은 태양 뒤편에서부터 지구로 향하는 별빛이 태양의 중력에 의해 휘어진다는 사실을 관찰을 통해 확인한다. 이는 질량으로 시공간이 일그러진다고 말하는 아인슈타인의 일반상대성이론을 검증한 역사적인 관측이었다. 이후 에딩턴은 얼마 지나지 않아 케임브리지대학에서 이 관측을 설명하는 강연을 한다.

당시 그곳 학생이었던 페인은 에딩턴의 강연을 듣고 '세계관이 전복되고 신경쇠약을 겪는 것과 같은' 충격을 받는다. 과학사의 커다란 전환점을 생생하게 목격한 그녀는 천문학자가 되기로 결심하지만, 불행하게도 당시 영국 사회는 여성에게 문이 닫혀 있었다. 여성에게는 선거권조차 없었던 1919년 당시 케임브리지대학에서 박사 학위를 받는 것은 남성들에게만 주어진 특권이었다. 영국인들에게 학자란 여성에게 어울리는 직업이 아니었다.

페인은 영국 사회가 강요하는 가부장적 질서에 순응하지 않았다. 1923년 대서양을 건너가 당시 미국의 하버드대학 천문대장이었던 섀플리 밑에서 대학원 과정을 시작한다. 그리고 1925년 여성으로서는 처음으로 천문학 박사 학위를 받는다. 그녀가 학위를 받은 곳은 하버드대학이 아닌 당시 하버드의 자매학교였던 래드클리프대학이었다. 하버드대학 역시 영국의 케임브리지대학처럼 여성에게는 박사 학위를 수여하지 않았기 때문이다.

20세기 초는 독일의 물리학자 막스 플랑크Max Planck의 흑체복사black body radiation 이론, 영국의 물리학자이자 화학자 어니스트 러더퍼드Ernest Rutherford의 원자핵 발견, 덴마크의 물리학자 닐스 보어Niels Bohr의 원자 모델, 아인슈타인의 광전효과 발견 등과 같은 양자역학 분야의 중요한 업적들이 쏟아져 나오던 시기였다. 그중 하나가 인도의 천체물리학자 메그나드 사하Meghnad Saha의 원자 이온화 이론이었다.

원자는 원자핵과 전자들로 구성되어 있다. 전자기력에 의해 음의 전하를 지닌 전자들은 양의 전하를 지닌 원자핵에 묶여 있다. 이온화란 전자들이 원자핵의 속박에서 벗어나 자유롭게 된다는 뜻이다. 스펙트럼의 흡수선은 원자 안에 속박된 전자들이 특정 파장의 빛을 흡수해 한 에너지 준위에서 다른 에너지 준위로 천이되면서 만들어진다. 그러므로 많은 전자들이 한꺼번에 이온화되면 흡수선을 만들 수 있는 전자들이 그만큼 줄어들기에 흡수선의 세기에 큰 영향을 줄 수 있다.

사하의 이온화 방정식은 온도에 따라 전자들이 이온화된 정도를 계산할 수 있게 해주었고, 이를 통해 별의 흡수선의 세기를 정확하게 예측할 수 있는 길을 열어주었다. 그리고 페인의 박사 학위 논문 주제는 바로 사하의 이온화 방정식을 적용해 별의 스펙트럼을 새롭게 분석하는 것이었다. 결과는 가히 혁명적이었다.

밤하늘을 보면 어떤 별은 불그스름하고, 어떤 별은 푸르스름한 것을 확인할 수 있다. 예를 들어 오리온자리의 베텔게우스는 표면 온도가 3000도 정도이기에 약간 불그스름한 색을 띠지만, 표면 온도가 1만도 정도 되는 시리우스는 푸르스름해 보인다. 이런 별의 온도에 따라 스펙트럼도 각기 다른 모양을 띤다.

예를 들어 시리우스에서는 수소의 흡수선이 매우 강하게 보이고 규소와 마그네슘의 흡수선도 상대적으로 강하게 보인다. 철, 칼슘의 흡수선은 거의 눈에 띄지 않는다. 태양에서는 수소의 흡수선은 매우 약하고 철, 칼슘의 흡수선이 훨씬 더 강하다. 이 경우 뜨거운 별에는 수소, 규소, 마그네슘이, 차가운 별에는 철과 칼슘이 상대적으로 더 많다고 결론을 내리기 쉽다.

페인은 전혀 다른 결론을 내린다. 사하의 이온화 방정식을 적용할 경우, 같은 구성 성분으로 이루어진 별이라도 온도에 따라 흡수선의 세기가 달라진다는 것을 발견한 것이다. 그리고 태양의 흡수선에서 수소선이 매우 약한 이유는 수소가 적기 때문이 아니라 태양의 표면 온도인 6000도에서는 수소가 가시광 영역에서 흡수선을 만들기 어려운 상태에 있기 때문이라는 사실을 깨닫는다.

이를 토대로 페인은 태양에 가장 많은 비중을 차지하는 원소가 철과 같은 중원소가 아니라 가장 가벼운 원소인 수소와 헬륨이라는 사실을 발견한다. 페인의 결과가 암시하는 것은 충격적이었다.

태양은 태양계의 전체 질량의 99.8퍼센트를 차지한다. 목성, 토성, 지구 등 행성의 질량은 다 합쳐봐야 고작 0.2퍼센트에 불과하다. 태양의 구성 성분이 곧 태양계 전체의 구성 성분을 반영한다는 뜻이다. 우주를 구성하는 기본 단위 역시 별이므로 이로부터 우주를 구성하는 물질은 태양과 유사하다는 결론을 도출할 수 있다. 페인을 통해 우주를 구성하는 주된 물질은 수소와 헬륨이라는 사실이 비로소 밝혀진 것이다!

사실 이는 노벨상을 받아 마땅할 혁명적인 발견이었지만 페인의 업적은 오랜 기간 평가 절하되었다. 페인의 박사학위 논문에 나오는 한 구절에서도 당시의 억압적인 시대상을 느낄 수 있다.

별과 지구의 함량비 사이에 커다란 불일치가 수소와 헬륨에서 나타난다. (계산을 통해) 구해진 별 대기에 있는 이 원소들의 막대한 함량비 값은 거의 분명 사실이 아닐 것이다.

자신의 계산 결과에 오류가 있다는 뜻이 아닌가! 당시 학자들 사이에서는 지구의 구성 물질과 태양의 구성 물질이 유사하다는 합의가 있었기에, 페인의 논문을 읽어보면 그녀가 이를 뒤집는 주장을 펼치기를 두려워하고 있다는 것을 알 수 있다. 자신의 연구 결과는 명백히 그 반대를 향하고 있음에도 말이다. 그녀가 이렇게 조심스럽게 행동했던 이유는 페인의 결과를 순순히 받아들이기 어려워한 심사위원들을 달래기 위해서였다.

특히 이는 심사위원 중의 한 명이었고 당시 학계의 권위자였던 미국 프린스턴대학의 천문학자 헨리 러셀Henry Russell의 반대를 극복하기 위한 전략이었다. 러셀의 반대 논리는 페인의 박사 학위 논문의 주석에도 상세히 언급되어 있는데 이로부터 당시의 보수적인 분위기를 가늠할 수 있다. 하지만 러셀도 결국 1929년 출판한 논문에서 페인과 같은 결론을 내리며 페인의 결과를 인정한다. 그러나 학계에서 이 발견의 공로는 한참 동안 러셀과 그 동료였던 남성 천문학자들의 것으로 받아들여지곤 했다.

페인은 1956년에 이르러서야 여성으로는 최초로 하버드대학의 정교수가 된다. 박사 학위를 받은 이후 견고한 유리천장을 깨기까지 무려 30여 년의 세월이 걸렸다.

태초의 우주는 뜨겁고 조밀했다

원시 원자와 원시 수프

페인의 발견은 다음과 같은 중요한 질문을 던진다. 우주에 수소와 헬륨이 그토록 많은 이유는 무엇일까? 1930년대 말 학자들은 수소 핵융합이 별의 에너지원임을 알아냈다. 수소 핵융합이란 4개의 수소가 결합해 헬륨 1개를 만드는 과정이다. 그렇다면 적어도 헬륨은 별 내부에서 발생하는 수소 핵융합을 통해 만들어진다고 생각할 수 있지 않을까?

태양의 광도는 단위 시간당 만들어지는 핵융합 에너지에 해당한다. 이로부터 얼마나 많은 헬륨이 주어진 시간에 수소 핵융합을 통해 만들어지는지 쉽게 계산할 수 있다. 태양 질량의 70퍼센트는 수소, 28퍼센트는 헬륨, 나머지 2퍼센트 정도는 헬륨보다 무거운 중원소다. 만일 태양에 존재하는 헬륨이 모두 수소 핵융합을 통해 만들어졌다면 필요한 시간은 270억 년이다. 오늘날 알려진 우주의 나이인 138억 년의 두 배 가까운 긴 시간이다. 태양에 존재하는 헬륨의 대부분은 태양 내부에서 만들어진 것이 아니라는 의미다.

헬륨은 태양이 탄생한 순간부터 이미 우주 공간의 성간 물질에 풍부히 존재하고 있었어야 한다. 헬륨보다 무거운 중원소들의 기원 역시 설명되지 않는 중요한 문제였다. 만일 프리드만과 르메트르의 장 방정식 해가 암시하듯 우주에 시간의 시작이 있었다면 탄소, 질소, 산소, 규소, 황, 인, 철 등은 도대체 어디에서 유래했을까?

새로운 원소가 생겨나는 방법에는 크게 두 가지가 있다. 하나는 무거운 원소가 가벼운 원소로 분해되는 핵분열이다. 우라늄이 분열해 스트론튬strontium과 제논xenon으로 쪼개지는 것이 한 예다. 다른 하나는 가벼운 원소가 결합해 더 무거운 원소를 만드는 핵융합이다. 별 내부에서 발생하는 수소 핵융합반응, 즉 양성자 4개가 결합해 헬륨 1개를 만드는 과정이 그 예다.

르메트르는 원소의 기원을 설명하기 위해 핵분열을 고

려 했다. 허블의 관측 결과에 따르면 시간을 되돌릴 경우 우주는 수축한다. 우주의 모든 에너지 역시 작은 공간 안에 압축될 것이다. 르메트르는 1931년 《네이처》에 투고한 짧은 에세이에서, 현재 우주에 존재하는 모든 에너지는 태초에 하나의 거대한 원시 원자의 형태로 있었다고 주장했다.

이 거대하고 무거운 원시 원자는 방사능 물질과 같이 매우 불안정한 상태에 있었기에 곧 격렬하게 분열했다. 그 결과 쪼개져 나온 우라늄, 라듐, 금, 철, 규소, 탄소, 헬륨, 수소 등과 같이 각종 다양한 원자들이 우주에 존재하기 시작하면서 시공간이 팽창했고 현재 우주의 모습에 이르렀다. 태초에 있었던 거대한 원시 원자의 핵분열이 오늘날의 우주를 만들었다는 설명이다.

르메트르의 이 원시 원자 가설의 문제점은 너무나 명확하다. 과연 우주에 존재하는 모든 에너지가 하나의 거대한 원시 원자 안에 갇혀 있는 것이 가능할까? 양성자 하나가 원자핵인 수소를 제외하면 모든 원자핵은 여러 개의 양성자와 중성자로 구성되어 있다. 예를 들어 헬륨의 원자핵은 양성자 2개, 중성자 2개로 구성되어 있고, 탄소의 원자핵은 양성자 6개 중성자 6개로 구성되어 있다.

양성자와 중성자가 모여 원자핵이 되기 위해서는 서로를 붙잡아두는 힘이 필요하다. 이렇게 원자핵 내부에서 작용하는 힘을 강한 핵력strong nuclear force이라 부른다. 강한 핵력은 우주에 존재하는 힘 중에 가장 강한 힘이지만 이 힘을 극복할 정도의 매우 높은 에너지가 가해지면 원자핵은 다시 양성자와 중성자로 쪼개질 수도 있다.

초기 우주에서와 같이 에너지 밀도가 극도로 높은 상태에 도달하면 탄소, 철, 금, 우라늄 등과 같은 각종 원소들의 원자핵은 모두 양성자와 중성자로 분해되고 말 것이다. 그리고 더욱 높은 온도에 도달하면 양성자와 중성자도 기본 입자인 쿼크로 분해될 것이다. 즉 초기 우주에 적합한 모습은 거대한 원시 원자가 아니라, 쿼크와 전자 등과 같은 기본 입자들이 매우 빠른 속도로 자유롭게 떠돌아다니는 뜨겁고 조밀한 원시 수프primordial soup일 것이다.

원소의 기원에서 발견한 빅뱅

러시아 출신의 미국 핵물리학자 조지 가모프George Gamow는 초기 우주의 모습을 올바르게 추론했다. 그는 물질의 기원을 설명하기 위해 양성자, 중성자, 전자로 이루어진 뜨거운 원시 수프에서 출발한다. 당시는 양성자와 중성자 역시 쿼크라는 기본 입자로 구성되어 있다는 사실을 모르던 시절이었다. 따라서 양성자, 중성자, 전자가 당시 가모프가 생각할 수 있는 기본 입자의 전부였다.

온도가 매우 높은 초기 우주에서는 양성자와 중성자가 너무나 빠른 속도로 움직이고 있기에 하나의 원자핵에 묶여 있을 수 없다. 우주는 곧 빠르게 팽창했을 것이다. 온도와 밀도는 그에 따라 낮아진다. 팽창이 시작된 지 100초가 지나면 온도가 10억도 이하로 떨어지고 양성자와 중성자가 핵융합을 하기에 적합한 조건이 마련된다.

예를 들어 양성자 2개 중성자 2개가 결합해 헬륨 1개가 생겨날 수 있다. 이렇게 핵융합을 통해 새로운 원소가 생성되는 과정은 거대하고 무거운 원시 원자가 더 가벼운 원소들로 핵분열했다고 말하는 르메트르의 가설과는 정반대의 방식인 셈이다.

미국 조지워싱턴대학의 교수로 재직하던 가모프는 이 생각을 구체적으로 발전시키면서 수학에 탁월한 재능이 있었던 박사과정 학생 랄프 알퍼Ralph Alpher에게 필요한 계산을 맡겼다. 그 결과 1948년 「화학적 원소의 기원The Origin

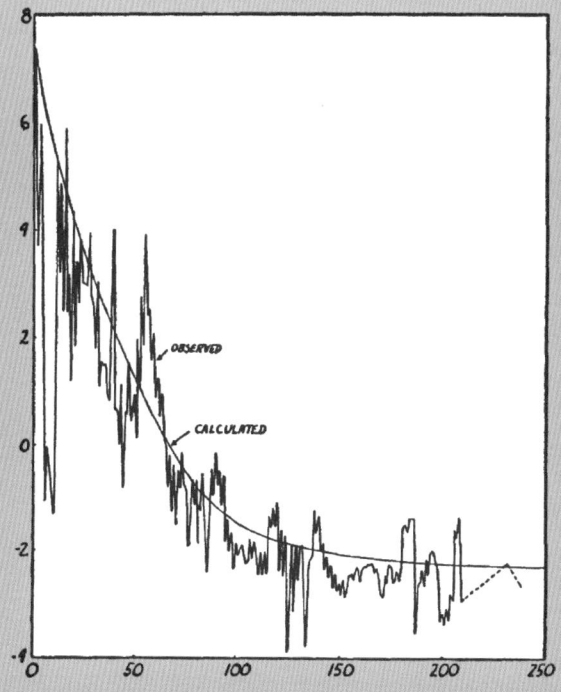

가모프와 알퍼의 논문에 제시된 계산 결과.
가로축은 원소들의 질량수, 즉 원자핵 내부에 있는 양성자와 중성자의 총 개수를 나타내며, 세로축은 상대적인 함량비를 로그 단위로 나타낸 것이다. 매끈한 실선은 알퍼의 계산 결과를 보여주는 것이며, 지그재그 선은 운석과 태양의 스펙트럼 분석을 통해 알려진 태양계의 원소 함량비다. 계산 결과는 실제 원소의 함량비와 잘 일치하는 것처럼 보인다.

of Chemical Elements」이라는 논문이 완성된다. 한 페이지가 조금 넘는 이 짧은 논문에서, 가모프와 알퍼는 헬륨뿐 아니라 탄소, 산소, 규소, 철, 금, 은, 납, 우라늄 등 우주에 존재하는 모든 원소가 5분이라는 짧은 빅뱅의 순간에 만들어졌다고 주장했다.

이를 뒷받침하는 계산 결과 또한 함께 제시하는데, 깔끔하게 그어진 실선은 알퍼의 계산 결과이며 지그재그 모양의 선은 운석과 태양의 스펙트럼 분석을 통해 알려진 태양계를 구성하는 원소의 함량비. 알퍼의 계산 결과와 실제 원소의 함량비가 일치하는 것을 볼 수 있다.

가모프와 알퍼는 태양계의 원소 함량비를 잘 설명해주는 것처럼 보이는 계산 결과에 무척 고무되었고, 큰 자부심을 가질 수밖에 없었다. 이들의 계산은 왜 별의 70퍼센트 이상은 수소인지, 나머지 대부분은 헬륨인지를 그럴듯하게 설명해준 창의적이고 위대한 업적이었다.

빅뱅우주론의 탄생

과학의 특성상 대부분의 과학 논문에는 오류가 없을 수 없다. 과학이 발전할 수 있는 진정한 이유 또한 과학자의 말이 항상 옳기 때문이 아니라, 무엇이 틀렸고 무엇을 모르고 있는지를 끊임없이 탐구하기 때문이다.

가모프와 알퍼의 계산에도 틀린 것이 있었다. 헬륨 2개가 융합하면 베릴륨^{beryllium}이 만들어지고, 베릴륨이 다시 헬륨과 융합하면 탄소가 만들어질 수 있지만 문제는 베릴륨이 너무 불안정해서 빅뱅의 짧은 순간에 베릴륨을 넘어 탄소까지 도달하는 것이 불가능하다는 점이었다. 따라서 탄소보다 더 무거운 원소도 만들어질 수 없다. 가모프와 알퍼는 이 사실을 간과했다. 별을 구성하는 물질의 98퍼센트에 해당하는 수소와 헬륨의 함량비는 훌륭하게 설명했지만, 나머지 2퍼센트인 헬륨보다 무거운 중원소의 기원은 설명하지 못한 것이다.

어찌 됐든 나머지 98퍼센트의 성공 덕분에 가모프와 알퍼의 논문은 빅뱅우주론의 효시로 인정받게 되었다. 그런데 재미있게도 그들의 논문에는 빅뱅이라는 말이 전혀 등장하지 않는다. 원래 빅뱅은 가모프와 알퍼를 비판하던 영국 케임브리지대학의 천문학자 프레드 호일$^{Fred\ Hoyle}$이 BBC 라디오에 출연했을 때 "저 미치광이들이 우주가 크게 빵! 하고 터져서 나왔다고 하네요"라는 식으로 거칠게 사용한 말이었다.

논문의 주제 역시 '우주 법칙의 기원'이라거나 '질서의 기원'과 같은 거창한 것이 아니었다. 별과 지구와 인간을 구성하는 '물질'의 기원에 관한 것이었다. 가모프에게는 물질의 기원이야말로 우리가 어디에서 왔는가를 이해하는 데 가장 중요한 질문이었다. 인간도, 지구도, 별도 모든 것이 '물질'이기 때문이다.

참고로 이 논문의 두 번째 저자인 한스 베테$^{Hans Bethe}$는 나치를 피해 미국으로 이주한 독일 출신의 핵물리학자다. 그는 '독일이 미국에 준 최고의 선물'이라는 당대 최고의 존경을 받은 인물로, 별 내부에서 발생하는 수소 핵융합반응의 이론을 완성한 공로를 인정받아 1967년 노벨 물리학상을 수상하기도 했다.

이 탁월한 물리학자는 가모프와 알퍼의 논문에 아무런 기여도 하지 않았다. 가모프는 그리스의 알파벳인 알파, 베타, 감마를 연상시키려는 목적으로 알퍼와 가모프 사이에 베테의 이름을 넣었고 베테도 이에 동의했다. 오늘날의 기준에서는 연구 윤리를 심각하게 위반하는 일이지만 당시는 이런 유머가 가능하던 시절이었다. 덕분에 빅뱅우주론의 효시가 된 이 '알퍼, 베테, 가모프'의 논문은 더욱 유명해졌다. 이 논문의 출판일도 만우절인 4월 1일이다.

일탈을 통해 만들어진 소수

가모프와 알퍼는 조밀하고 뜨거운 초기 우주에 양성자와 중성자와 전자가 있었다고 가정했다. 그러나 원자를 구성하는 기본 단위를 양성자, 중성자, 전자로 구분했던 당시의 지식과 달리, 앞서 언급했듯이 양성자와 중성자도 모두 쿼크라는 기본 입자로 구성되어 있다.

우주의 나이가 1조 분의 1초에서 100만 분의 1초 사이였을 때 온도는 약 $10^{12} \sim 10^{22}$ 켈빈(K) 이상이었고 이 순간에는 쿼크도 양성자나 중성자 안에 갇혀 있지 못하고 자유롭게 우주 공간을 떠돌아다니고 있었다. 시간이 100만 분의 1초에서 1초 사이에 이르고 우주의 팽창에 따라 온도가 수조 도에서 수천 억 도로 떨어지면, 가모프와 알퍼가 생각했던 양성자, 중성자, 전자의 수프 상태가 된다.

그렇다면 여기에서 질문이 생긴다. 애초에 물질 자체는 어떻게 존재하게 되었을까? 즉 쿼크라는 입자는 어떻게 생겨났을까? 이를 이해하기 위해서는 현대 물리학 이론에 관한 길고 지루한 설명이 필요하다. 여기에서는 간단한 개념만 살펴보자.

아인슈타인은 특수상대성이론을 발전시키면서 에너지는 질량과 빛의 속도를 제곱한 것을 곱한 값과 같다는 에너지와 질량의 등가원리를 발견한다. 여기에서 m은 질량 c는 빛의 속도를 의미한다. 에너지와 질량은 동전의 양면과도 같다는 의미로, 핵폭탄, 핵발전, 태양의 수소 핵융합 역시 모두 이 원리에 따른 에너지 생성 과정이다.

$$E = mc^2$$

예를 들어 헬륨은 양성자 2개, 중성자 2개로 구성되어 있다. 헬륨의 질량은 6.64648×10^{-24}그램이고 양성자 2개와 중성자 2개 질량의 총합은 6.69049×10^{-24}그램으로, 헬륨의 질량보다 조금 크다. 양성자 2개와 중성자 2개가 결합해 헬륨이 될 때 이 질량의 차이에 해당하는 만큼의 에너지가 방출된다.

물질 기원의 관점에서 에너지와 질량의 등가원리는 또 다른 특별한 의미를 갖는다. 만일 빛의 기본 단위인 광자의 에너지가 어떤 입자의 질량과 빛의 속도의 제곱을 곱한 값과 맞먹는 값을 가질 경우 그 광자는 자발적으로 입자과 반입자를 만들어내곤 한다. 예를 들어 빅뱅 직후 온도가 수조 도가 넘었을 당시에는 광자들이 쿼크 입자와 반쿼크 입자를 자발적으로 생성할 수 있다. 반입자란 입자와 성질이 동일하지만 전하만 반대인 경우를 뜻한다. 예를 들어 전자의 반입자인 반전자는 양의 전하를 갖는다.

이처럼 빛이 입자와 반입자를 쌍으로 만들어내는 이유는 전하가 항상 보존되어야 하기 때문이다. 빛 자체는 전하량이 0이기에 빛이 만들어내는 물질의 전하의 총합도 0이 되어야 한다. 입자와 반입자는 서로 충돌하면 다시 광자로 바뀐다. 온도와 밀도가 굉장히 높았던 초기 우주에서는 빛과 물질과 반물질은 서로 생성과 소멸을 끊임없이 겪으며 평형 상태에 있었다.

그러나 우주가 팽창하면 온도가 떨어지고 빛의 에너지도 감소한다. 이 경우 빛의 에너지는 입자들의 질량과 속도의 제곱을 곱한 값보다 작아진다. 즉 빛의 에너지는 더 이상 입자와 반입자를 생성할 만큼 충분히 높지 못하다. 반면 그전에 만들어진 입자와 반입자는 충돌하면서 빛으로 바뀔 것이다. 물질과 반물질은 정확하게 같은 양만큼 생성되

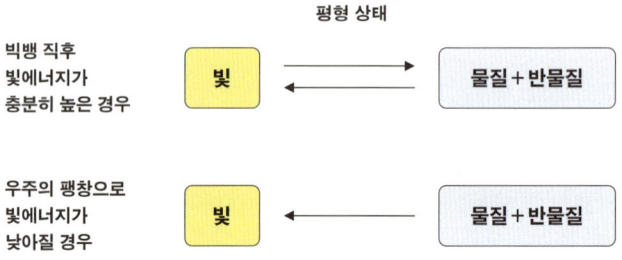

초기 우주의 빛과 물질의 상태

었기에, 이렇게 서로 쌍소멸하면 결국 우주에는 빛만 남게 될 것이다!

이것이 의미하는 바는 무엇일까? 어쩌면 입자와 반입자의 수가 정확하게 같았다는 것이 잘못된 생각일 수도 있지 않을까? 만일 입자의 양이 반입자보다 조금이라도 더 많았다면 쌍소멸을 통해 살아남은 입자들이 오늘날 우리가 보는 물질을 이루었을 것이다. 입자와 반입자 사이의 대칭이 어느 정도로 깨졌는지는 오늘날 우주에 존재하는 양성자의 개수와 광자의 개수를 통해 대략 추정해볼 수 있다.

인간이 관찰 가능한, 우주에 존재하는 양성자의 총 개수는 10^{80}개다. 광자의 개수는 10^{89}개다. 양성자 개수는 광자의 10억 분의 1에 해당한다. 그렇다면 이는 물질이 반물질보다 대략 10억 분의 1 정도 살짝 더 많았다는 것을 뜻한다. 이렇게 아주 미세한 일탈이 물질의 존재를 이끌어낸 것이다. 이런 의미에서 별도 인간도 모두 우주의 소수자다.

왜 물질과 반물질 사이에 이렇게 미묘한 비대칭이 존재했을까? 현대 입자물리학의 표준 이론에 따르면, 소위 말하는 CP 대칭성 깨짐이라는 현상에 기인한 것으로 추정된다. 이에 관한 복잡하고 어려운 이야기는 다른 친절한 입자물리학자들에게 맡기고 여기에서는 흥미로운 빅뱅 이야기에 계속 집중하겠다.

우주가 남겨놓은
빅뱅의 흔적

초기 우주의 흔적

우주가 과거 매우 조밀하고 뜨거운 한 점에서 시작해 계속 팽창해왔다고 말하는 빅뱅우주론과 허블의 관측은 잘 부합해 보였다. 다른 견해를 가진 이들도 있었다. 앞서 언급한 호일은 대표적인 인물이었다. 호일은 우주가 영원하다고 생각했지만 외부 은하의 적색이동 또한 부인할 수 없는 관측적 사실이었다. 따라서 그는 영원한 우주와 적색이동을 모두 부합시키기 위해 정상우주론 steady state universe 가설을 제시한다.

그에 따르면 우주는 공간적으로 무한하면서도 동시에 은하 사이의 공간은 허블의 관측이 보여주듯 계속 팽창한다. 그리고 팽창으로 새롭게 생겨난 공간에 100억 세제곱센티미터당 1개의 수소 원자가 새롭게 만들어진다. 즉 우주가 팽창하더라도 우주의 전체 밀도는 변하지 않는 것이다. 따라서 정상우주론에서 우주는 영원히 현재와 유사한 모습을 유지하고 있다. 과거와 현재의 모습이 전혀 다르다고 말하는 빅뱅우주론과 대비되는 주장이다.

> 과학적인 입장에서 빅뱅 가설은 둘(빅뱅과 정상우주론) 중에서 훨씬 더 받아들이기 어렵다. 왜냐하면 (빅뱅은) 과학적 방식으로 기술될 수 없는 비합리적인 과정이기 때문이다. (…) 철학적 측면에서도 빅뱅 가설을 선호해야 할 이유를 전혀 찾을 수 없다. 사실 철학적 관점에서 빅뱅은 명백히 불만족스러운 발상인데 왜냐하면 그 기본적 가정은 직접적인 관측과는 결코 마주할 길이 없기 때문이다.

호일이 1949년 3월 BBC의 라디오 방송에서 한 언급이다. 호일은 빅뱅이라는 아이디어 자체가 결코 직접적인 관측을 통해 검증할 수 없는 판타지라고 비판한다. 그러나 앞서 콩트가 별의 구성에 관해 언급한 사례에서 지적했듯, 어떤 과학적 이론을 "절대 검증하기 어렵다"라는 식으로 말하는 것은 삼가는 것이 현명하다. 역사적으로 그런 식의 발언은 대부분 반박되어왔기 때문이다.

물론 호일의 발언은 당시 중요한 쟁점이었다. 빅뱅이라는 아이디어를 어떻게 관측적으로 검증할지의 문제는 여전히 남아 있었다. 알퍼는 「화학적 원소의 기원」이 나온 직후 미국의 물리학자 로버트 허먼Robert Herman과 함께 빅뱅을 검증할 수 있는 방법을 찾아 나섰다. 그리고 1948년 논문에서 빅뱅이 있었다면 우주에 편만한 우주배경복사cosmic background radiation, 즉 빅뱅이 남겨놓은 흔적이 있을 것임을 이론적으로 예측했다. 우주배경복사는 초기 우주의 뜨거웠던 물질이 남겨놓은 흔적이다.

물이 온도에 따라 기체 상태에서 수증기, 액체 상태에서 물, 고체 상태에서 얼음이 되는 것처럼, 물질의 상태는 크게 기체, 액체, 고체로 구분된다. 이는 지구에서 우리가 체험하는 물질의 성질이다.

별 내부 혹은 빅뱅의 순간의 온도는 지상에 비해 매우 높고 이때 물질은 지상에서는 보기 힘든 새로운 상태에 도달하는데 이를 흔히 플라스마plasma라고 부른다. 원자는 원자핵과 그 주변의 전자들로 구성되어 있는데, 온도가 충분히 높으면 원자핵과 전자가 더 이상 묶여 있지 못하고 완전히 분리되고 만다. 플라스마란 이렇게 모든 원자가 완전히 이온화된 기체를 뜻한다.

이온화된 기체에서는 전자가 자유롭게 운동하고 있다. 이런 자유전자는 빛과 매우 쉽게 충돌해 빛이 지나가는 길을 가로막곤 한다. 따라서 플라스마의 밀도가 충분히 높으면, 빛은 물질과 독립적으로 움직이지 못하고 자유전자와 계속 충돌하는 상태에 놓이게 된다. 즉 빛이 플라스마 안에 갇히게 되는 것이다. 이런 상황에서는 빛과 물질이 끊임없이 상호작용을 하기에 서로 엇비슷한 에너지를 갖게 된다.

에너지 넘치는 어린아이들과 함께 있을 때를 상상하면 이해가 쉽다. 평소 축 늘어져 있던 어른들은 높은 속도를 가진 어린아이와 놀아주기 위해 속도를 조금 높여 움직이게 되고, 어린아이는 어른에 맞춰 반대로 속도를 조금 줄이게 된다. 그렇게 한참 함께 뛰어놀다 보면 어른과 어린아이의 속도는 비슷해진다. 평형 상태에 도달한 것이다.

마찬가지로 빛의 에너지와 전자들의 에너지가 처음에는 서로 달랐다고 하더라도, 끊임없이 상호작용을 하다 보면 빛이 가진 에너지와 전자들이 가진 에너지는 서로 비슷해진다. 전자와 원자핵도 끊임없이 상호작용하기에 서로 평형 상태에 놓이게 된다. 즉 밀도가 충분히 높은 플라스마에서는 물질과 빛이 모두 서로 평형 상태에 놓인다. 이를 물리학 용어로 열역학적인 평형 상태라 부른다.

입자와 광자의 에너지는 온도로 환산할 수 있는데, 이때 온도란 입자와 광자 하나의 평균 에너지에 해당하는 값이라고 생각하면 쉽다. 열역학적인 평형 상태에서는 입자와 광자의 온도가 모두 똑같다.

이처럼 어떤 물질이 밀도가 충분히 높고 열역학적인 평형 상태에 있을 경우, 그 물질이 만드는 빛을 흑체복사라고 부른다. 일상생활에서 접할 수 있는 흑체복사의 쉬운 예로는, 뜨겁게 달궈진 석탄이 방출하는 빛을 들 수 있다. 사람의 몸이 방출하는 적외선도 흑체복사에 따른 것이다. 태양빛 역시 흑체복사에 가깝다. 흑체복사는 열운동하는 물질이 방출하는 빛이기에 레이저나 LED처럼 인위적으로 전자를 천이시켜 만드는 빛과는 성질이 매우 다르다.

흑체복사의 스펙트럼은 온도로 결정되며 온도가 높을수록 파장이 짧은 쪽에서, 낮을수록 파장이 긴 쪽에서 더

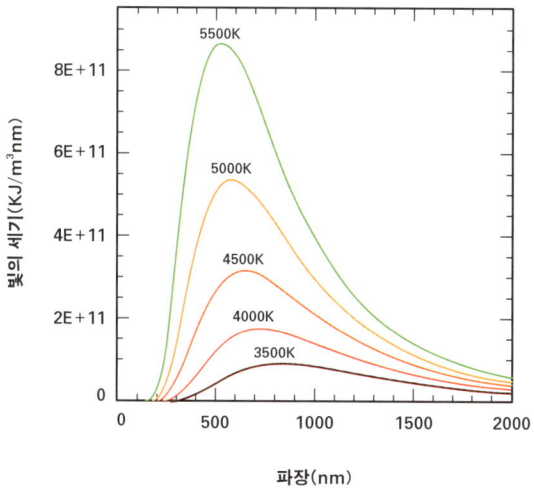

온도로 결정되는 흑체복사의 스펙트럼

많은 빛이 나온다. 사람의 몸은 약 36.5도이기에 그에 따라 적외선에서 대부분의 빛이 방출된다. 태양의 표면 온도는 약 6000도이기에 가시광선에서 대부분의 빛이 나온다.

빅뱅 직후의 빛과 물질은 서로 평형 상태에 놓여 있었기에 당시 빛의 스펙트럼은 완벽한 흑체복사의 형태를 갖고 있었다. 하지만 빅뱅 이후 약 38만 년이 지나면 절대온도가 3000켈빈 정도로 낮아지며 빛과 물질의 상태에 큰 변화가 발생한다. (이제부터 온도를 언급할 때는 항상 절대온도의 단위인 K를 사용하도록 하겠다.)

온도가 높았을 때 원자핵과 전자는 둘 사이에 작용하는 전자기력에 거의 구애받지 않고 자유롭게 움직일 수 있다. 그러나 온도가 3000켈빈 이하로 떨어지면 더 이상 양성자와 전자가 분리된 상태로 머물지 못하고 서로 결합해 수소 원자를 만든다. 자유전자가 이처럼 사라지면 빛은 더 이상 전자와 상호작용을 할 수 없기에, 이때부터 빛과 물질은 따로 행동하기 시작한다. 물질에 갇혀 있던 빛이 자유롭게 우주 공간에 퍼져나가기 시작하는 것이다.

이 빛을 우주배경복사라 부른다. 이 빛은 우주 어디에나 존재하기에 지금 책을 읽고 있는 곳에도 저 멀리 떨어진 은하에도 깜깜한 별들 사이의 공간에도 우주 구석구석 어디에나 편재하고 있다. 왜냐하면 이 빛은 우주의 모든 지점에서 동일한 방식으로 생겨났기 때문이다.

우주배경복사의 스펙트럼은 흑체복사 스펙트럼이어야 한다. 물질과 빛이 열역학적 평형 상태에 있었을 때의 성질을 고스란히 간직하고 있기 때문이다. 양성자와 전자가 결합한 순간의 온도가 3000켈빈이었으니 그 순간의 스펙트

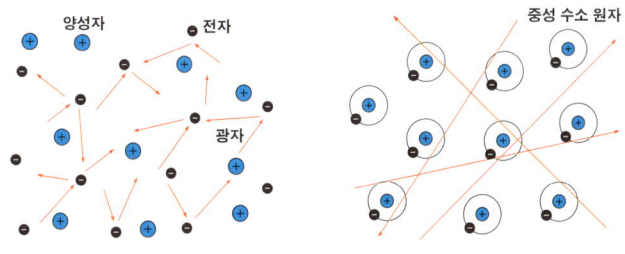

양성자와 전자 결합 전 플라스마 상태의 우주(왼쪽)와 결합 후 우주(오른쪽)

럼은 3000켈빈에 해당하는 흑체복사 스펙트럼이었을 것이다. 3000켈빈에 해당하는 빛은 적외선에서 가장 많은 빛을 방출하며 우리 눈에는 매우 붉게 보인다.

만약 타임머신을 타고 빅뱅 직후 38만 년 후, 우주의 온도가 3000켈빈 정도에 해당하는 시점으로 간다면 배경복사로 뒤덮인 우주는 지금처럼 어두컴컴하지 않고 어디를 보든 매우 밝게 불그스름한 빛을 띠고 있을 것이다.

우주배경복사의 발견

우주는 계속 팽창해왔다. 3000켈빈에 해당하던 우주배경복사의 파장 역시 우주 팽창과 더불어 늘어났다. 알퍼와 허먼은 현재 우주의 우주배경복사 온도를 약 5켈빈이라고 예측했다. 파장으로 환산하면 수 밀리미터 정도의 마이크로파에 해당한다. 빅뱅 직후 38만 년 후에는 적외선 영역에서 가장 많은 배경복사가 우주 공간에 편만했다면, 오늘날에는 마이크로파 영역에서 우주에 편만하게 존재한다는 의미다.

이는 중요한 예측이었다. 빅뱅이 실제로 과거에 있었다면, 오늘날에는 마이크로파에 해당하는 흑체복사가 우주 공간 어디에나 존재해야 하는 것이다. 이 예측은, 빅뱅 가설은 직접적인 관측과 마주칠 수 없다고 비판하던 호일의 주장을 명쾌하게 반박한다. 빅뱅은 관측 가능한 흔적을 남겨놓았다.

우주배경복사는 미국의 물리학자 아노 펜지어스Arno Penzias와 로버트 윌슨Robert Wilson에 의해 우연히 발견된다. 벨 연구소의 연구원이었던 펜지어스와 윌슨은 통신위성과의 교신에 사용되었다가 폐기된 전파망원경을 가져와 천체관측을 시작한다. 1960년대 초반의 일이었다.

이 과정에서 그들은 하늘 어디에나 존재하는 '잡음'을 발견하는데, 망원경이 바라보는 위치나 관측의 시간에 상관없이 이 잡음의 세기는 일정했다. 기기 자체의 문제인지

면밀히 조사했고 기기가 자체적으로 만들어내는 소음을 최소화하는 등 많은 노력을 기울였지만, 잡음의 원인은 찾을 수 없었다. 당시에만 해도 그들은 우주배경복사에 관해 전혀 알지 못하던 상태였다.

그러다 1963년 펜지어스와 윌슨은 한 천문학회에서 미국 프린스턴대학의 물리학자 로버트 디케(Robert Dicke)와 제임스 피블스(James Peeples)의 우주배경복사에 관한 연구를 알게 된다. 디케와 피블스는 우주배경복사를 관측적으로 검증하고자 준비 중이었다.

이 만남을 계기로 펜지어스와 윌슨은 그들이 발견한 잡음이 3.5켈빈 정도에 해당하는 우주배경복사라는 사실을 알게 된다. 이는 알퍼와 허먼이 예측한 5켈빈에 상당히 근접한 값이었다. 참고로 오늘날 우주망원경으로 측정된 우주배경복사의 정확한 온도는 2.725켈빈이다.

관측 결과를 토대로 펜지어스와 윌슨은 우주배경복사 발견을 보고하는 논문을 1965년에 발표했다. 세 페이지에 불과한 짧은 논문이었다. 당시 알퍼와 허먼은 이미 과학계에서 사람들에게 잊혀진 존재였다. 알퍼가 활동했던 1940년대 후반까지만 하더라도 마이크로파에서 배경복사를 관측할 수 있는 시설이 없었고, 학자의 월급으로 가족들을 부양하기 버거웠던 알퍼뿐만 아니라 허먼도 1960년대에는 이미 일반 회사에 취직해 학계를 떠나 있었기 때문이다.

펜지어스와 윌슨은 벨 연구소가 폐기 처분하려고 내놓은 값싼 전파망원경과 세 페이지 논문으로 1978년 노벨 물리학상을 받는다. 노벨상급 발견을 위해서는 수백억에서 수조 원에 달하는 연구비와 수백, 수천 명의 연구 인력이 참여하는 거대과학이 필요한 오늘날의 과학계 상황과는 매우 비교되는 낭만적인 성과였다.

알퍼 역시 학계에 계속 남아 있었다면 이들과 함께 노벨 물리학상을 받았을 가능성이 높다. 때문에 펜지어스와 윌슨의 수상 이후 알퍼는 당시 주류 과학자들이 자신의 연구에 올바른 크레딧을 주지 않았다고 비판하기도 했다. 알퍼의 이름이 세상에 널리 알려지게 된 것은 1977년 출간된 미국의 물리학자 스티븐 와인버그$^{Steven Weinberg}$의 베스트셀러 『최초의 3분$^{The First Three Minutes}$』이라는 책을 통해서였다. 그는 오랜 기간 '빅뱅의 잊힌 아버지'로 남아 있었다.

과학의 발전에 큰 기여를 했음에도 그에 걸맞은 인정을 받지 못한 무명의 과학자들은 사실 수없이 많다. 여러 과학의 이야기는 거인들의 영웅담을 위주로 진행되지만, 이는 오직 이야기 전개의 편의를 위한 것일 뿐임을 기억할 필요가 있다. 과학 발전의 진정한 토양은 지금도 세계 곳곳에서 묵묵히 진행되면서 많은 경우 그저 잊혀가는 풀뿌리 연구에 있다.

빅뱅이 직면한 또 하나의 관문

빅뱅우주론은 우주에 관해 제기된 여러 가지 굵직한 문제들을 해결했다. 먼저 밤하늘은 왜 어두운가에 대한 질문에 답이 가능해진다. 빅뱅이 존재했다면 우주는 더 이상 영원하지 않으며 별의 개수 또한 무한하지 않다. 별은 과거의 어느 순간부터 생겨나기 시작했으며 그 개수도 유한하기에 밤하늘이 어둡다는 사실이 자연스럽게 설명된다. 별을 구성하는 수소와 헬륨의 함량비와 마이크로파에 해당하는 우주배경복사의 존재도 모두 설명한다.

하지만 우주배경복사에 관해 더 엄격한 테스트가 남아있었다. 펜지어스와 윌슨은 우주배경복사의 신호만 잡았을 뿐 스펙트럼을 관측한 것은 아니었다. 빅뱅우주론에 따르면 우주배경복사는 흑체복사다. 그러나 앞서 설명했듯이 모든 빛이 흑체복사는 아니다. 강의 시간에 흔히 사용하는

레이저 포인터의 초록색 빛이 흑체복사라면 레이저 포인터의 온도는 대략 6000켈빈이어야 한다.

레이저나 요즘 흔히 사용하는 LED는 인위적으로 전자를 천이시켜 가시광선 영역에서 밝은 빛이 나오도록 설계된 것이다. 흑체복사는 이와는 달리 물질 자체가 가지고 있는 온도, 즉 열에너지와 관련 있다. 흑체복사와 LED의 스펙트럼을 비교해보면 그 차이를 더 잘 알 수 있다. 빛의 스펙트럼을 통해서 그 빛이 어떤 메커니즘을 통해 만들어졌으며 어떤 성질을 지니는지 알 수 있다.

호일의 정상우주론 지지자들도 나름대로 우주배경복사를 설명하려고 애썼는데, 우주 공간을 오랫동안 떠돌아다니는 별빛이 공간의 팽창으로 적색이동되어 배경복사를 만들었다는 '피곤한 빛tired light' 이론 등이 그 예다. 하지만 이들이 예측하는 우주배경복사의 스펙트럼은 흑체복사와는 달랐다.

따라서 우주배경복사가 흑체복사인 것을 확인한다면 빅뱅우주론을 지지하는 중요한 증거가 될 것이었다. 이를 확인하기 위해 우주배경복사의 스펙트럼 관측을 위한 코베 위성COsmic Background Explorer, COBE이 1989년에 발사된다. 우주

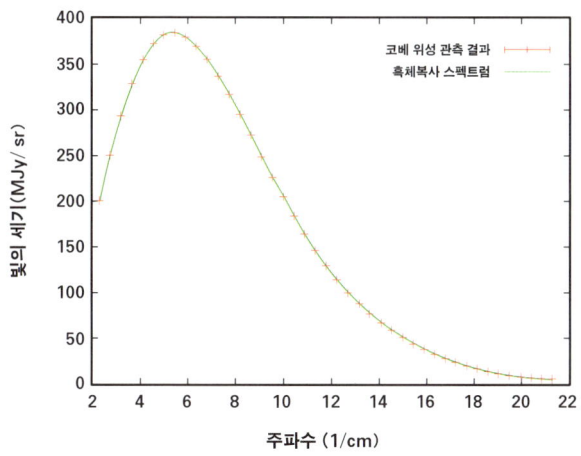

코베 위성이 관측한 우주배경복사 스펙트럼

배경복사가 정말로 빅뱅우주론이 예측하는 바와 같이 흑체복사인지를 확인하고자 한 것이다.

그 결과 코베 위성의 우주배경복사 관측과 2.725켈빈에 해당하는 흑체복사 스펙트럼의 이론적인 예측이 완벽히 일치한다는 것을 발견한다. 우주배경복사는 정말로 흑체복사였던 것이다! 이는 우주가 과거 뜨겁고 조밀한 플라스마 상태에 있었다고 말하는 빅뱅우주론을 강력히 지지해주는 결과였다.

빅뱅, 가설에서 정설로

빅뱅우주론은 관측적으로 검증할 수 없는 판타지라는 초창기의 편견을 이겨내고 검증 가능한 이론으로 발전했다. 물론 우리는 여전히 빅뱅이 어떻게 발생했는지는 알 수 없다. 하지만 빅뱅의 증거가 너무나 유력하기에 우리는 현재 빅뱅을 정설로 받아들인다. 우주배경복사, 수소와 헬륨의 비율, 밤하늘이 어둡다는 사실 이외에도 다른 독립적인 빅뱅의 증거는 여전히 많다.

빅뱅은 아마 우연적이고 단회적인 사건이었을 것이다. 흔히 우리는 과학이란 실험실에서 반복적으로 재현 가능한 현상을 다룬다고 이야기한다. 즉 어떤 학문이 과학이기 위해서는 '재현 가능성'이라는 조건을 만족시켜야 한다는 주장이다. 그러나 빅뱅은 실험실에서 결코 재현 가능한 현상이 아니다.

어떤 이들은 빅뱅처럼 실험실에서 재현 불가능한 과거의 우연적 사건은 과학이 아닌 역사라고 말하며 과학의 주제가 될 수 없다고 주장하곤 한다. 특히 창조 과학 같은 사이비 과학에서 그런 주장들이 종종 언급된다. 물론 빅뱅은 역사다. 그러나 역사가 과학이 되지 말아야 할 이유는 없다.

예를 들어 이순신 장군이 명량해전에서 거둔 기적적인 승리를 생각해보자. 12척의 배로 300여 척의 배를 무찔렀다는 만화 같은 이야기가 '사실'로 받아들여지는 이유는 그 역사적 증거가 너무나 분명하기 때문이다. 우리는 명량해전을 실험실에서 재현할 수 없다. 그러나 명량해전의 기적적 승리를 역사적 사실로 받아들이는 것, 그 결과가 임진왜란에 끼친 영향을 분석하는 과정은 모두 정당하고 합리적인 학문적 주제가 될 수 있음을 부인할 사람은 없을 것이다.

빅뱅 또한 비록 그 원인을 모를지라도 증거가 너무나 명확하기에 현대의 과학자들은 빅뱅을 합의된 정설로 받아들인다. 과학은 단순히 실험실에서 반복적으로 재현 가능한 현상이나 법칙만을 다루지 않는다. 과학은 '우연적이고 역사적인 사건'도 다룬다.

진화론도 마찬가지다. 갑자기 지구 어딘가에서 분자들의 화학반응을 통해 생명이 탄생했고, 미생물을 거쳐 긴 진화의 과정을 통해 고등 생명체가 등장했다는 이야기는 상식적으로 이해하기 어렵다. 그럼에도 진화론을 과학적인 사실로 받아들이는 이유는 증거가 너무나 명확하기 때문이다. 그런 의미에서 천문학과 진화론은 반복적이고 재현 가능한 현상이나 법칙뿐 아니라 비가역적이고 재현 불가능한 우연적인 역사를 함께 다룬다는 점에서 공통점을 지닌다. 자연에서 일어난 현상은 우연이든 필연이든 모두 과학의 탐구 대상일 수밖에 없다.

호일이 빅뱅우주론을 반대했던 가장 큰 이유도 이런 철학적인 불편함 때문이었다. 호일은 역사적 우연이라는 개념을 상당히 싫어했다. 호일에게 빅뱅은 과학적 필연이 결여된 현상이기에 종교에서 말하는 창조를 연상시켰다. 무신론자였던 호일에게는 받아들이기 어려운 일이었다. 호일은 같은 이유에서 생명이 무생물에서 자연적으로 생겨났다는 개념에 반대하며 1982년 한 라디오 강연에서 다음과 같이 말하기도 했다.

> 생명의 자발적 탄생은 마치 회오리바람이 쓰레기장을 지나가는 동안 쓰레기들이 저절로 움직여 보잉 747을 만드는 것과 같다.

역설적이지만 위의 언급은 오늘날에도 창조 과학자들이 자주 인용하는 것으로, 진화론을 반대하는 논리로 사용하곤 한다. 결론적으로 말하면 호일의 말은 생명의 탄생 과정을 그저 무작위적인 우연으로만 이해한 오해에서 비롯된 잘못된 논리였다. 어찌 됐든 호일에게 우주 및 생명의 존재를 우연이 아닌 필연으로 만들 수 있는 키워드는 '영원'이었다. 그가 말하는 정상우주론처럼 우주가 영원했다면 빅뱅과 같은 우연적 사건은 생각할 필요가 없다.

생명의 기원에 관해서도 호일은 비슷한 주장을 펼쳤다. 생명이란 영원 전부터 이미 우주에 존재해왔다고 생각한 것이다. 박테리아와 같은 생명이 이미 영원 전부터 우주에 편만하게 존재해왔고, 소행성 충돌 등을 통해 지구에도 전달되었다는 발상이었다. 이런 가설을 흔히 판스퍼미아panspermia라고 부른다. 호일처럼 생각하면 우주와 생명의 기원에 관해 더 이상 고민할 필요가 없다. 모든 것이 설명되므로 마음 또한 편해질 수도 있다.

이에 반해 빅뱅은 우리 모두를 불편하게 한다. 영원하지 않고 시시각각 계속 변하고 있는 우주의 모습은 아인슈타인에게는 아름답지 못한, 혐오스러운 것이었다. 도대체 빅뱅은 왜 일어났단 말인가? 우주조차도 영원하지 않았다면, 과연 '영원'이라는 단어 자체가 유효한 말일 수가 있을까?

우리의 우주는 유일한가? 우리 우주 밖에 또 다른 우주가 있을까?

빅뱅은 우리의 미래에 관해서도 새로운 관점을 준다. 아주 먼 미래의 우주의 모습은 어떨까? 현재까지 밝혀진 바에 따르면 우주는 계속 팽창하고 생명도, 지구도, 별도, 은하도 모두 생기를 잃고 죽어갈 것이며 결국 빛이 없는 암흑의 공간이 될 것이다. 이렇게 일시적으로 생겼다가 나중에는 허무하게 죽어갈 우주에서 우리는 과연 어떤 의미를 찾을 수 있단 말인가?

Q 묻고 답하기 A

우주가 팽창하면 언젠가 지구도 붕괴하는가? 블랙홀은 어떻게 변하는가?

팽창이란 말 그대로 공간 자체가 늘어난다는 의미다. 이런 팽창은 지금 내가 서 있는 공간에서도 일어나고 있다. 이때 우리의 몸이 함께 팽창하지 않는 것은 전자기력으로 유지되어 있기 때문이다. 지구 또한 마찬가지다. 지구는 중력에 의해 하나의 개체로서 유지되고 있다. 우주의 팽창은 아직까지는 우리의 몸과 지구를 파괴시킬 정도로 커다란 영향을 미치지는 못하고 있다.

물론 우주가 다시 붕괴하지 않고 계속 팽창만 한다면 아주 먼 미래에는 전자기력과 중력을 무력화시킬 정도로 팽창하는 순간이 분명 있을 수도 있다. 심지어 강한 핵력에 의해 유지되는 원자핵도 쿼크들로 분해되는 순간이 올 수도 있다. 블랙홀 역시 비슷한 운명을 겪을지는 소위 말하는 암흑에너지, 즉 중력과 반대로 작용하는 힘을 야기하는 에너지의 성질에 달려 있다. 현재로서는 알기 어렵다.

스티븐 호킹은 빅뱅우주론에서 어떤 역할을 했는가?

호킹이 관심을 가졌던 것은 주로 빅뱅의 초기, 빅뱅이 일어난 그 순간이었다. 가모프가 예측했던 양성자, 중성자, 전자의 원시 수프가 존재했던 찰나보다 더 이전, 즉 공간 자체가 생성된 그 순간에 어떤 일이 있었는지는 아직 아무도 알지 못한다. 호킹은 일반상대성이론에 따르면 우주 전체가 블랙홀과 같은 특이점에서 탄생해야 한다는 사실을 수학적으로 증명했다. 호일의 정상우주론을 반박하고 빅뱅우주론의 손을 들어주는 이론적 성취였다.

이론적 오류에도 천문학사에서 정상우주론이 지니는 의미는 무엇인가?

정상우주론은 빅뱅우주론을 상대했던 거의 유일한 우주론이었다. 정상우주론과 같이 빅뱅우주론에 맞서는 도전들이 있었기에 코베 위성 관측처럼 연구를 통해 빅뱅우주론이 더 정교하게 발전할 수 있었다. 이처럼 과학의 발전을 위해서는 정설이라고 생각되는 이론에도 끊임없는 질문을 던지면서 시험대에 올려놓는 과정이 필요하다. 호일은 바로 그런 역할을 한 사람이었다. 비록 실패한 경쟁 이론이라 하더라도 과학사적으로는 상당히 중요한 의미를 갖는다.

3부 _____

별과 인간, 우리는 어떻게 만들어졌는가

우리 모두에게는 빅뱅과 별과 물질의 순환을 통해 이루어진 전 우주의 장엄한 역사가 새겨져 있다. 그러니 만약 하늘의 별에 관해 알기 원한다면 저 하늘을 보기 전에 먼저 거울 앞에 선 우리 자신을 바라보는 시간을 갖는 것도 나쁘지 않을 것이다.

작은 일탈에서
시작된 우주의 진화

진화하는 우주

보컬 그룹 스윗소로우의 멤버 성진환이 대학생 시절 천문학 교양과목의 과제로 제출했던 솔로곡 〈GRB080913〉에서 발췌한 가사다.

> 우리들 인생에 너무 늦은 건 없어
> 128억 광년 그 머나먼 거리를 돌고 도달한 저 빛을 봐
> 언제든 상관없이 내 삶의 축복을 느끼는 순간이 온다면
> 그때 비로소 저 과거의 별들도
> 하나하나 깊은 의미를 가지는 걸
> 백 년이 채 안 되는 시간을 나에게 벌어주려고 별들은

137억 년 동안 그렇게 수없이 불타 사라져 갔음을
가족이 있든 없든 피부색이 어떻든 우리는 우주예요
서로 다른 신 아래 서로 다른 법 아래 살아도 우주예요
다시는 보기 싫은 때려주고 싶은 그 녀석도 우주예요
그 모든 별들의 역사를 고스란히 담고 있는 우린 우주[4]

GRB080913은 2008년 9월 13일 발견된 감마선 폭발gamma-ray Burst의 이름이다. 빅뱅 이후 불과 10억 년이 지난 시점인 128억 광년 떨어진 곳에서 별이 블랙홀로 죽어갈 때 막대한 양의 감마선을 방출한 현상이었다. 우주에는 지금 이 순간에도 매초 약 10개의 별이 초신성supernova이나 감마선 폭발을 일으키고 있다.

앞서 소개한 방탄소년단의 〈DNA〉가 자연의 법칙이나 수학의 공식과 같이 변하지 않는 본질로부터 사랑의 의미를 찾는다면, 성진환의 〈GRB080913〉은 우주의 역사에서 삶의 의미를 찾는다. 우주는 물리법칙의 지배를 받고 있지만, 그렇다고 변하지 않는 것은 아니다. 우주는 빅뱅 이후 지금 이 순간까지 끊임없이 진화해왔다. 우주에는 '역사'가 있다.

밀도의 요동과 중력 불안정

우주 역사의 시발점은 앞서 이야기한 빅뱅이었다. 태초에 뜨겁고 조밀한 점에서 시작했던 우주는 폭발 후 계속해서 팽창했고 이 과정에서 물질이 생겨났다. 빅뱅은 오늘날에도 편만하게 어디에나 존재하고 있는 우주배경복사를 흔적으로 남겨놓았다. 천문학자들은 성공적으로 우주배경복사를 관측했고 빅뱅은 우주론의 정설이 되었다.

우리는 이 시점에서 또 하나의 의문을 제기해야 한다. 빅뱅 이후 우주는 그저 수소와 헬륨으로 구성된 기체와 우리가 아직 정체를 알지 못하는 암흑물질로 가득 차 있었을 뿐이었다. 여기에서 어떻게 별과 은하가 생겨날 수 있었을까?

빅뱅 후 생겨난 우주는 매우 에너지 밀도가 높은 한 점에 출발했고 중력에 비해 압력이 훨씬 더 컸기에 우주 전체의 밀도는 균일했을 것이다. 압력은 등방적으로 작용하기 때문이다. 풍선 표면의 매끈매끈한 모습에 비유될 수 있다. 그에 반해 오늘날 우리가 보는 우주는 극심하게 불균일하다.

태양의 평균 밀도는 세제곱센티미터당 1.4그램으로 물의 밀도와 비슷하지만 앞서 말했듯이 우주 전체의 평균 밀도는 세제곱센티미터당 10^{-30}그램에 불과하다. 진공에 가까운 텅 빈 공간이다. 밀도가 높은 곳과 나머지 대부분의 공간 사이는 이처럼 극심한 차이를 보인다. 매끈했던 우주는 어떤 과정을 통해 이렇게 변했을까?

우주를 이처럼 불균일하게 만든 것은 바로 중력이다. 앞서 설명했지만 중력은 특이한 힘이다. 중력에는 끌어당기는 힘, 즉 인력만 있기 때문이다. 전자기력은 인력과 함께 밀어내는 척력을 가지고 있어 서로 균형을 이루는 것이 가능하다. 반복하자면 우리 몸의 물질을 하나의 개체로 묶어주는 힘도 전자기력이다. 몸 내부의 양과 음의 전하가 균형을 이루고 있기에 외부에서 볼 때 총 전하는 0이므로 전자기력이 느껴지지 않을 뿐이다.

우주 전체로 보아도 마찬가지다. 음과 양의 전하가 완벽하게 균형을 이루고 있기에 전자기력은 우주의 거대 구조에 아무런 영향을 끼치지 못한다. 이에 반해 중력에는 질량을 지닌 물질이 서로 잡아당기는 힘만 존재한다. 이 성질이 중력계를 매우 불안정하게 만들곤 한다.

중력에 의해 우주의 물질이 불안정해져서 '쭈글쭈글'해지는 상황은 지구상의 인구 분포에 비유될 수 있다. 인공위성에서 지구의 야경을 찍은 사진을 본 경험이 있을 것이다.

지구 전체가 다 밝은 불빛으로 덮여 있는 것은 아니다. 밝은 곳은 사람들이 몰려 사는 대도시 주변에 한정되어 있다. 사회적 조건이 지역별로 평등하지 않다는 뜻이다. 더 나은 직장, 더 나은 사회 안전망, 더 나은 교육과 문화 등을 찾아 사람들은 특정 도시로 몰려든다. 사회 기반 시설이 부족한 지역의 인구는 시간이 갈수록 감소하고 대도시의 인구 밀도는 점점 더 높아지는 현상은 흔히 관찰된다.

중력이 우주의 물질 분포를 바꿔놓는 방식도 비슷하다. 처음에는 우주의 물질이 전반적으로 고르게 분포해 있었지만 국부적으로 주변보다 밀도가 약간 높은 지점들이 있었다고 가정해보자.

중력은 질량이 많은 곳에서 더 강하게 작용하기에 밀도가 주변보다 조금이라도 더 높은 영역은 더욱 많은 물질을 끌어당길 것이다. 밀도가 낮았던 영역은 물질이 빠져나가기에 점점 더 밀도가 낮아진다.

계속 시간이 흐르게 되면 밀도가 높았던 영역은 주변의 물질을 다 빨아들여 은하들이 만들어지고, 밀도가 낮았던 곳은 은하가 없는 빈 공간이 된다. 다른 한편으로 우주는 계속해서 팽창한다. 은하들 사이의 거리는 점점 더 멀어지

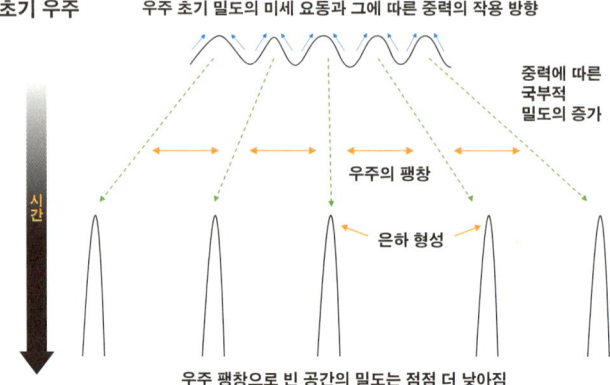

초기 우주에 존재했던 밀도의 요동 및 중력 불안정에 따른 은하 형성 과정

고 빈 공간의 밀도는 더욱 희박해진다.

여기에서 중요한 질문이 생긴다. 중력이 이처럼 우주의 물질들을 국부적으로 찌그러트리기 위해서는 앞서 가정한 것처럼 초기 우주의 물질 분포가 아주 미세하게라도 울퉁불퉁했어야 가능하다. 매우 뜨거운 상태에 있었던 초기 우주의 물질에 과연 고르지 않은 부분이 있었을까?

사무실에서 흔히 쓰는 A4용지를 들여다보면 표면이 매우 매끈해 보이지만, 돋보기로 확대해보면 미세하게나마 일그러진 모습을 관찰할 수 있다. 이론적 예측에 따르면 초기 우주의 모습도 이러했다. 빅뱅의 순간, 양자요동이 섭동을 일으켜 초기 우주의 밀도 분포에 미약한 영향을 끼쳤을 것으로 추측된다.

완벽하게 매끈한 상태는 자연에서 보기 힘들다는 사실로 미루어보면 합리적인 추측으로 들린다. 하지만 합리적 추측에 만족하고 넘어가는 것은 과학이 아니다. 이론적 예측은 관측을 통해 검증되기 전까지는 그럴듯한 가설로만 남을 뿐이다.

신의 지문

2부에서 언급한 코베 위성은 우주배경복사가 빅뱅우주론이 예측하는 바대로 흑체복사라는 것을 완벽하게 확인해주었다.

코베 위성이 관측한 우주배경복사의 온도를 색으로 표현하면 다음 맨 위의 그림에서 보듯이 태극 모양 같은 무늬를 확인할 수 있다. 태양 자체의 움직임 때문에 생기는 현상이다. 코베 위성이 관측하고 있는 곳으로부터 태양계가 멀어지면 적색이동에 의해 붉게, 가까워지면 청색이동에 의해 푸르게 보이기 때문이다. 이런 차이를 보정하면 가운

데 그림에서 볼 수 있듯이 2.725켈빈에 해당하는 우주배경복사가 전 하늘에 걸쳐 균일하게 존재하고 있음을 확인할 수 있다.

빅뱅 이후 38만 년경에 형성된 우주배경복사는 우리가 눈으로 확인할 수 있는 우주의 가장 어린 시절 모습이다. 우주에는 그 어떤 온도의 요동도 없는 것처럼 보인다. 이 당시 우주의 물리적 조건은 기대했던 바와 같이 풍선의 표면처럼 매끈했다. 그런데 여기에는 한 가지 맹점이 있다. 2.725켈빈은 절대적인 평균값이다.

만일 온도의 요동이 평균값에 비해 매우 작았다면, 눈으로 쉽게 그 요동을 식별하기 어려울 것이다. 맨눈으로 새하얀 A4용지의 표면에서 아무런 굴곡을 찾을 수 없는 것처럼 말이다. 이런 우주의 굴곡은 2.725켈빈에 해당하는 평균값을 빼면 비교적 쉽게 확인할 수 있다. 그 결과가 마지막 그림에 나와 있다. 평균 전후로 존재하는 요동이 붉은색과 푸른색으로 나타나는데, 그 차이는 대체적으로 10만 분의 1에 불과하다.

온도에 미세한 요동이 있다는 사실은 밀도에도 비슷한 굴국이 있었다는 것을 의미한다. 사실 10만 분의 1은 무시

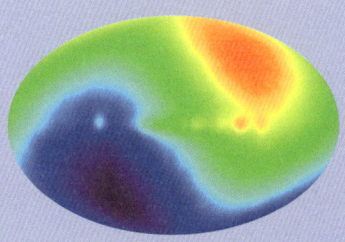

코베 위성 관측 결과

태양계의 움직임에 따른 적색 및 청색 보정 결과

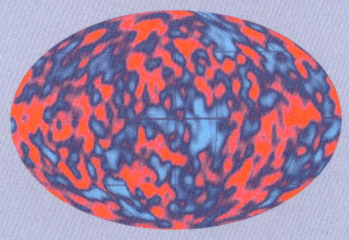

평균값 2.725켈빈을 제한 결과

할 수 있을 만큼의 작은 값이라 생각할 수 있다. 마치 나비의 날갯짓이 공기의 밀도에 변화를 주는 정도의 미세한 양이기 때문이다. 하지만 중력은 이처럼 작은 섭동으로도 사물을 극심하게 불안정하게 만들 수 있다. 북경에 있는 나비의 날갯짓이 서울 하늘에 태풍을 일으킬 수도 있듯이 말이다.

이런 작은 차이에 대한 민감성 때문에 우주의 운명은 밀도 요동의 크기에 따라 많이 달라질 수도 있었다. 만일 이 요동이 조금 더 컸어도 우주에는 별이 없고 모든 물질이 다 블랙홀이 되었을지도 모른다. 혹은 요동이 이보다 더 작았다면 은하는 지금처럼 크지 못했거나 아예 만들어지지 못했을 수도 있다.

사람들은 코베 위성의 발견에 열광했고 이 밀도의 미세 요동을 '신의 지문'이라 불렀다. 이 요동에는 우주의 운명을 결정하는 초기조건의 정보가 담겨 있기 때문이다. 코베 위성 프로젝트의 책임자였던 미국의 물리학자 존 매더[John Mather]와 조지 스무트[George Smoot]는 그 공로로 2006년 노벨 물리학상을 받는다.

초기조건을 향한 과학자의 집념

코베 위성 검출기의 해상도가 썩 뛰어난 것이 아니었기에 일부에서는 관측 결과를 두고 기기의 잡음으로 인한 착시에 불과한 것이 아닌지 의문을 품기도 했다. 이들은 주로 과학적 성과에 항상 비딱하게 시비를 거는 사이비 과학자들이었지만, 과학자의 입장에서도 코베 위성의 낮은 해상도는 우주의 초기조건을 자세하게 분석하는 데 큰 장애 요소였다.

이에 천문학자들은 더 정확하고 해상도가 높은 결과를 얻기 위해 새로운 노력에 착수했다. 그것이 2001년 우주로 발사된 더블유맵Wilkinson Microwave Anisotropy Probe, WMAP 위성으로, 코베 위성에 비해 감도는 45배, 해상도는 33배 높게 설계되었다. 그리고 2003년 발표된 더블유맵의 관측 결과는 코베 위성을 통해 확인한 내용을 훨씬 더 높은 해상도를 통해 다시 한번 선명하게 검증해주었다. 초기 우주에는 실제로 약 10만 분의 1에 해당하는 밀도 요동이 있었던 것이다. 끝장을 볼 때까지 파고드는 과학자의 중요한 미덕이 빛을 발한 순간이었다.

그러나 천문학자들은 여기에서도 만족하지 않았다. 유

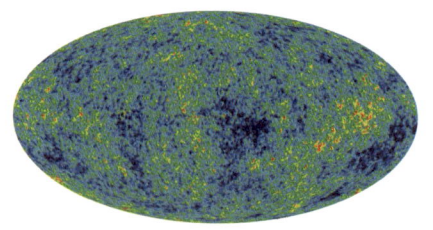

WMAP 위성 관측 결과에서 평균값 2.725켈빈을 제한 모습

럽의 과학자들은 2009년에 더블유맵에 비해 해상도가 3배 더 높은 플랑크 미션^Planck Mission 위성을 우주로 발사한다. 그 결과 동일한 구조를 코베 위성이나 더블유맵 위성에 비해 훨씬 더 세밀하게 확인할 수 있었다.

앞서 설명했듯이 관측 결과는 오늘날 우주의 구조를 이해하는 데 필요한 초기조건의 정보를 준다. 초기 우주의 밀도 요동은 단순히 별과 은하의 존재에만 영향을 끼친 것이 아니었다. 우리 인간의 존재와도 큰 관련이 있다.

만일 관측 결과가 보여주는 요동의 세부적인 모습이 조금이라도 달랐다면 우주는 어떻게 되었을까? 예를 들어 요동의 크기는 여전히 10만 분의 1이었을지라도 푸른색과 붉은색의 위치가 조금씩 달랐다면? 물론 은하와 별과 행성

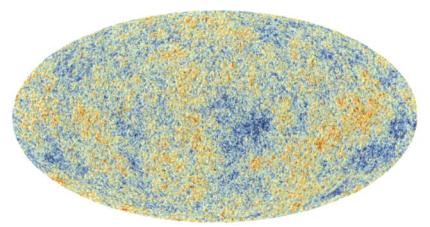

플랑크 미션 위성 관측 결과에서 평균값 2.725켈빈을 제한 모습

은 여전히 우주 곳곳에 존재했을 것이다. 하지만 우리의 지구는 지금 여기에 존재하지 않았을 것이고 인간도 없었을 것이다. 만일 신이 우주를 창조했다면, 이는 신이 만든 우주의 설계도인 셈이다.

흥미로운 점은 이 미세한 굴곡의 세부적인 모습이 양자 요동에 의해 우연적으로 결정되었다는 사실이다. 보글보글 끓는 물의 기포가 여기저기에서 무작위적으로 만들어지는 것에 비유할 수 있다. 우주배경복사라는 우주의 설계도에는 이처럼 우연성이 가미되어 있었다. 미국의 화가 잭슨 폴록Jackson Pollock이 도화지에 물감을 무작위로 흩뿌려 작품을 만든 것처럼 말이다.

아주 머나먼 과거, 인간은 별이었다

우주의 실험실, 별

뜨겁고 조밀했던 우주는 138억 년 전 빅뱅을 시작으로 팽창해 우주배경복사라는 흔적을 남겼고, 여기에서 발견된 10만 분의 1이라는 미세한 밀도의 요동은 중력 불안정의 씨앗이 되었다. 시간이 흘러 우주가 더욱 팽창하면서 중력의 영향으로 국부적으로 밀도가 높은 곳에는 더욱 많은 물질이 쌓이게 되었고 별과 은하가 만들어지기 시작한다. 이처럼 우주는 균일한 상태에서 불균일한 상태로 진화했다.

빅뱅우주론의 예측은 오늘날까지 매우 성공적인 검증이 이루어지고 있다. 우주배경복사의 존재, 우주배경복사에 존재하는 미세 요동, 이로 인한 중력 불안정에 따른 우

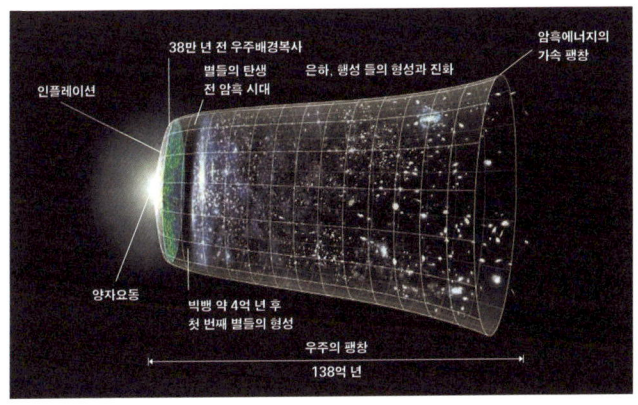

시간에 따른 우주의 진화

주의 진화까지, 오늘날 우주에서 관찰되는 모든 현상과 결과들은 빅뱅우주론의 예측에 잘 부합한다.

여기에서 또 하나의 의문이 생긴다. 빅뱅 직후 우주에 존재한 원소들은 수소와 헬륨이 대부분이었고, 추가로 극소량의 리튬과 베릴륨의 몇몇 동위원소가 있었을 뿐이었다. 그렇다면 그런 우주에서 어떻게 지구와 생명을 구성하는 각종 다양한 원소들이 새롭게 생겨날 수 있었을까?

태양계를 구성하는 물질들 중 가장 많은 것은 수소이고, 그다음이 헬륨이다. 이는 앞서 언급했듯이 빅뱅우주론의 중요한 예측 중의 하나였다. 그 뒤를 이어 산소, 탄소, 질소, 네온, 실리콘, 황, 칼슘, 철 등이 많은 비중을 차지하고 있다. 그중에서도 수소, 탄소, 질소, 산소, 인, 황은 지구상에서 발견되는 모든 생명체에서 공통적으로 존재하는 여섯 가지 원소다.

우리의 DNA를 구성하는 원소인 수소, 산소, 질소, 탄소, 인, 황이 없었다면 우리가 지금 보는 형태의 생명체는 존재할 수 없었다. 특히 탄소는 화학적으로 다양한 형태의 안정적인 분자들을 만들어낼 수 있는 원소이기에 생명의 기원을 이해하는 데 가장 중요하다.

과거 사람들은 철과 같은 금속으로부터 새로운 원소인 금을 만들기 위한 수많은 노력을 기울이곤 했다. 흔히 연금술이라 불리는 작업이었다. 우리의 위대한 뉴턴도 연금술에 빠졌던 것으로 유명하다. 안타깝게도 지구상에서 시도된 모든 실험은 다 실패했고, 사람들은 결론을 내렸다. 한 원소가 다른 원소로 바뀌는 일은 절대 불가능하다고.

하지만 지구에서 연금술이 실패한 이유는 그것이 불변의 법칙이기 때문이 아니었다. 당시 지구상에 마련된 실험실에서 충분히 높은 온도를 구현하지 못했기 때문이었다.

저 우주에는 연금술을 시연할 수 있는 실험실이 흔하게 널려 있다. 바로 하늘에 빛나는 별이다.

수소 핵융합과 태양에너지

20세기 초까지만 하더라도 사람들은 별의 기원과 별 에너지의 근원에 관해 아는 바가 별로 없었다. 소행성의 격렬한 충돌로 태양이 만들어졌고 이때 생겨난 열로 태양이 용암처럼 뜨겁게 달궈졌다는 생각이 보편적이었다. 그러니 당시의 지식에서 생각할 수 있었던 태양에너지의 근원은 뜨거운 내부 물질이 갖고 있는 열에너지였다.

이 가설은 태양계의 나이와 관련해 심각한 문제를 야기한다. 태양의 표면에서는 막대한 양의 에너지가 방출되고 있는 반면 태양 내부의 열에너지의 총량에는 한계가 있기 때문이다. 물리학자인 영국의 로드 켈빈Lord Kelvin이나 독일의 헤르만 헬름홀츠Herman von Helmholtz 등의 계산에 따르면 불과 수천만 년이면 태양은 모든 열에너지를 다 잃어버릴 것이고, 그 후 태양은 더 이상 지금처럼 밝게 빛날 수 없고 차갑게 식어갈 것이었다. 비유하자면 100억 원이 아무리 큰 돈이라 할지라도 매년 10억을 쓰면 불과 10년 만에 다 바

닥이 나는 것과 같은 운명이다.

반면 19세기 말과 20세기 초 지질학자들과 진화생물학자들이 추정한 지구의 나이는 적어도 수억 년이 넘었다. 태양과 지구 사이에 존재하는 이 커다란 나이의 불일치는 뭔가 잘못되었음을 보여준다. 이 문제와 관련해 당시 천문학자와 지질학자, 생물학자들은 그들 사이에 서로 만나기 어려운 논쟁의 평행선을 그리곤 했다.

이런 태양에너지 문제를 풀 수 있는 결정적인 실마리는 1905년 발표된 아인슈타인의 특수상대성이론에 담겨 있었다. 앞서 설명했듯이 이론에 따르면 질량과 에너지는 등가의 관계를 가진다. 에너지는 질량에 빛의 속도 제곱을 곱한 값을 갖는다. 빛의 속도는 초당 30만 킬로미터에 달하기에 질량이 아무리 적어도 그에 해당하는 에너지는 엄청나다. 예를 들어 1그램의 물에 해당하는 에너지는 원자력 발전소 한 대가 24시간 동안 만들어낼 수 있는 에너지에 맞먹는다.

이런 원리를 토대로 에딩턴은 1920년경에 태양 내부에서의 수소 핵융합 가능성을 생각했다. 아이디어는 단순하다. 앞서 설명했듯이 원칙적으로 수소 원자 4개가 융합하면 헬륨 1개가 만들어진다. 수소 원자 4개는 6.69049×10^{-24}그램이고 헬륨 원자 1개는 6.64648×10^{-24}그램으로 헬륨이 미세하나마 조금 더 가볍다. 핵융합 과정에서 질량 차이에 해당하는 만큼의 에너지가 방출되어야 하는 것이다.

태양의 밝기는 3.84×10^{27}와트(W)다. 수소 핵융합으로 이 정도의 에너지를 생성하기 위해서는 초당 6.4×10^{14}킬로그램의 수소가 헬륨으로 바뀌어야 한다. 매우 많은 양처럼 느껴지지만 태양 전체 질량은 무려 2×10^{30}킬로그램에 달한다. 100억 년이 넘는 시간 동안 태양이 지금처럼 밝게 빛날 수 있도록 유지시킬 수 있는 충분한 양의 수소 연료가 있다는 뜻이다!

여기에는 에딩턴이 해결하지 못한 문제가 하나 있었다. 수소를 제외한 모든 원자핵은 양성자와 중성자라는 핵자로 구성되어 있다. 핵자들을 하나의 개체로 묶어주는 강한 핵력은 그 작용 범위가 매우 작기 때문에 원자핵 밖에서는 아무런 힘을 쓰지 못한다.

원자핵의 반경보다 더 넓은 범위에서는 전자기력이 가장 강하게 작용하는 힘이다. 원자핵은 양의 전하를 띠고 있기 때문에 두 개의 원자핵이 서로 가까이 다가가면 전자기력의 반발을 느낀다. 흔히 이런 전자기적 반발력을 쿨롱 장벽Coulomb barrier이라 부르곤 한다. 두 개의 원자핵이 쿨롱 장벽을 이기고 강한 핵력이 작용할 수 있는 좁은 공간 안으로 들어와 한 개의 원자핵으로 융합될 수 있기 위해서는 충분히 높은 에너지가 필요하다. 두 개의 원자핵이 굉장히 빠른 속도로 움직여서 충돌할 경우 전자기력의 반발력을 이기고 하나가 될 수 있다는 뜻이다.

태양 중심부의 온도는 쿨롱 장벽을 넘기에는 턱없이 부족한 수준이었디. 매우 과장해서 비유하자면, 에베레스트 산을 넘으려면 제트기 정도에 해당하는 높은 에너지가 필요한데 태양 중심부의 수소 움직임은 개구리가 가볍게 점프하는 수준에 불과했던 것이다. 핵융합의 가능성은 매우 희박했다.

그러던 중 1920년대 말, 무거운 원자핵에서 알파입자가 방출되는 방사능 붕괴 현상을 이해하려고 애쓰던 물리학자들은 양자터널 효과라는 것을 발견한다. 빅뱅우주론의 가모프도 그중의 한 명이었다. 양자터널 효과란, 원자핵이 쿨롱 장벽 사이를 특정한 확률로 자유롭게 오갈 수 있는 현상을 뜻한다. 고전 물리학의 관점에서는 불가능한 일인데,

마치 사람이 벽을 향해 돌진하더라도 막히지 않고 쑥 통과하는 일과 같기 때문이다. 양자의 세계에서는 이런 말도 안 되는 일이 일어날 수 있다.

양자터널 효과는 알파 붕괴를 설명하다가 발견된 현상이지만 핵융합의 관점에서도 중요한 의미를 지닌다. 만일 이 터널을 통해 원자핵에 갇혀 있던 알파입자가 벽 밖으로 빠져나올 수 있다면, 원자핵 두 개가 벽을 통과해 하나로 융합되지 말란 법도 없지 않은가. 1929년 출판된 논문에서 영국의 천문학자이자 물리학자인 로버트 앳킨슨^{Robert Atkinson}과 독일의 물리학자인 프리츠 후터만스^{Fritz Houtermans}는 양자터널 효과가 수소 핵융합 과정에서 중요한 역할을 할 수 있음을 처음으로 제시했다.

이때는 아직 중성자가 발견되기 전이었다. 수소 원자의 핵은 양성자 하나에 해당하지만, 수소보다 무거운 모든 원소의 원자핵에는 양성자와 더불어 중성자가 담겨 있다. 예를 들어 헬륨은 양성자 2개, 중성자 2개, 탄소는 양성자 6개, 중성자 6개로 구성되어 있다. 중성자의 역할을 고려하지 않고는 올바른 핵융합 이론을 발전시키는 것이 불가능했다. 앳킨슨과 후터만스의 제안은 아직까지 설익은 상태였다.

이후 1932년 영국의 물리학자 제임스 채드윅James Chadwick의 역사적인 중성자의 발견은 핵물리학 이론에 돌파구를 마련해주었다. 그리고 1939년 베테와 독일의 물리학자 카를프리드리히 폰 바이츠제커Carl-Friedrich von Weizsäcker에 의해 마침내 수소 핵융합 이론이 완성되었다. 이 이론을 적용한 항성 진화 모델은 성공적으로 태양의 성질을 재현할 수 있었고 별들의 나이를 정확하게 예측할 수 있었다. 태양에너지의 근원이 무엇인가라는 논쟁은 이렇게 종결되었다.

탄소의 기원

수소 핵융합을 통해 헬륨이 만들어질 수 있다는 사실은 한 원소가 다른 원소로 바뀔 수 있음을 의미한다. 그렇다면 수소가 헬륨으로 바뀌는 것처럼, 또 다른 핵융합을 통해 탄소, 산소, 규소, 철뿐만 아니라 금까지 별 내부에서 만들어질 수도 있지 않을까? 2부에서 언급했듯 랄프와 가모프의 빅뱅우주론은 헬륨보다 무거운 원소의 기원을 밝히는 데 실패했다. 이 문제에서 돌파구를 마련한 사람은 흥미롭게도 빅뱅을 반대하며 정상우주론을 주장한 호일이었다.

호일의 정상우주론에 따르면 우주는 영원하고 무한하며 별들 사이의 공간은 허블-르메트르의 법칙이 보여주듯 끊임없이 팽창한다. 하지만 새롭게 만들어진 공간에 새로운 물질이 함께 생성되지 않는다면 우주 전체의 밀도는 점점 낮아질 것이기에 우주는 '정상 상태'에 머물 수 없다. 우주를 정상 상태로 만들기 위해 호일은 새로운 공간에 수소 원자도 자발적으로 생성된다고 가정했다.

이 그림을 완성하기 위해 호일에게 남은 중요한 과제는 수소보다 무거운 모든 원소의 기원을 설명하는 일이었다. 이를 위해 호일은 별에 주목한다. 핵융합은 압력이 높은 곳에서만 일어날 수가 있는데, 우주에서 그런 조건을 갖춘 최적의 후보지가 별이었기 때문이다.

별 내부의 핵합성 연구에서 호일의 가장 중요한 업적 중 하나는 1953년 탄소의 기원을 설명한 것이다. 탄소는 2개의 헬륨-4가 결합해서 베릴륨의 동중원소인 베릴륨-8이 만들어진 뒤, 베릴륨-8이 다시 다른 헬륨과 융합한 결과 생겨난다. 결과적으로는 헬륨 3개가 융합해 1개의 탄소가 되는 셈이다. 이 과정을 흔히 삼중알파과정 triple alpha process 이라고 부른다. 헬륨을 흔히 알파입자라고 불렀기 때문에 붙

여진 명칭이다.

이때 중간 다리 역할을 하는 베릴륨-8은 매우 불안정한 원소다. 헬륨 2개가 융합해 만들어지더라도 수천조 분의 1초 동안밖에 생존하지 못하고 다시 헬륨 2개로 붕괴하고 만다. 탄소가 만들어지려면 베릴륨-8이 생겨난 후 수천조 분의 1초라는 짧은 시간 이내에 또 다른 헬륨과 융합해야 한다는 뜻이다. 매우 비효율적으로 보인다.

또 다른 문제는, 이런 방식으로 어렵게나마 적은 양의 탄소가 만들어질지라도 곧바로 또 다른 헬륨과 결합해서 산소로 바뀌어버린다는 점이다. 그렇다면 우주에는 탄소가 존재할 수 없고, 유기분자도, 생명도 기대할 수 없다.

호일은 이 문제를 이렇게 접근했다. 어쨌든 우주에 탄소가 존재한다. 탄소가 생성될 수 있는 가장 유력한 방식은 삼중알파반응이다. 따라서 삼중알파반응을 생각보다 훨씬 더 효율적으로 만들어줄 수 있는, 우리가 아직 알지 못하는 이유가 분명히 있을 것이다.

그 이유를 호일은 이처럼 생각했다. 사람도 냉정하고 차분한 상태에 있거나 들뜨고 흥분한 상태에 있을 수 있듯 원자핵도 다양한 에너지 준위에 머무를 수 있다. 대부분의 경우 원자핵은 에너지가 가장 낮은 상태로 존재한다. 하지만 때때로 들뜬 에너지 상태, 즉 에너지가 꽤 높은 상태에서도 잠시나마 머물 수 있는 원소들이 있다. 어떤 사람은 천지가 개벽해도 냉정함을 유지하지만 어떤 사람은 사소한 일에도 자주 흥분하는 것과 비슷하다.

만일 A와 B라는 원소가 결합해 C라는 원소를 만들 때, A와 B가 충돌하는 에너지가 C라는 원소의 준안정한^{metastable} 들뜬 에너지 준위와 비슷할 경우 그 반응은 공명^{resonance}을 일으키며 매우 효율적으로 발생할 수 있다. 이런 방식으로 핵융합을 촉진시켜 줄 수 있는 준안정한 에너지 준위를 공명에너지 준위라고 부른다.

비유하자면, 미술관에 걸려있는 고흐의 그림을 감상할 때 들뜨고 설렌 마음을 갖는 나와 달리 옆에 있는 상대가 무덤덤하다면 감동을 함께 나누기 어렵지만 둘 다 들뜬 마음을 갖게 될 경우 둘의 마음은 공명할 것이고 밤을 지새우며 그림을 주제로 이야기를 나눌 수 있는 것과 같다. 탄소에는 베릴륨과 헬륨이 공명해 서로 쉽게 융합이 가능하게 하는 들뜬 상태의 에너지 준위가 존재한다는 것이 호일의 생각이었다.

이런 생각을 구체적인 '숫자'로 구현할 수 없다면 과학이 아닌 그저 공상으로 남고 만다. 호일이 해야 했던 일은 탄소의 공명에너지 준위 값을 계산하는 것이었다. 물리법칙을 적용해 원자핵의 준안정상태 에너지 준위를 계산하는 일은 최신의 슈퍼컴퓨터를 동원해도 쉽지 않은 일이다. 호일은 탄소의 공명에너지 준위 값에 따라 삼중알파반응의 효율성이 달라지기 때문에 그에 따라 우주에 존재하는 탄소와 산소의 함량비도 달라질 것이라는 점에 착안했다.

다시 말해, 우주에 존재하는 탄소와 산소의 함량비로부터 탄소의 공명에너지 준위 값을 역으로 추론할 수 있다는 의미였다. 호일이 이렇게 구한 값은 770만 전자볼트(eV)였다. 1전자볼트는 약 1.6×10^{-19}줄(J)에 해당하는 값이다. 호일의 예측은 미국 칼텍의 물리학자들이 수행한 실험을 통해 곧바로 검증되었다. 실험이 보여준 탄소의 공명에너지 준위 값은 765만 전자볼트로 호일이 예측한 값에 근접했다!

극적인 발견이었고 과학사에서 가장 흥미로운 순간의 한 장면으로 기억되고 있다. 후에 이 결과를 적용한 항성진화 모델은 성공적으로 별의 진화를 설명할 수 있었고 덕분에 별 내부에서의 탄소의 합성 과정을 매우 구체적으로 살필 수 있게 되었다.

호일이 탄소 공명에너지 준위를 찾아낸 방식을 두고 약한 인류 원리weak anthropic principle를 과학에 성공적으로 적용한 최초의 사례라고 평가하는 역사가도 있다. 약한 인류 원리란, 우주의 모든 성질과 상태는 인간이 우주에 존재하고 있다는 사실과 일관성 있어야 한다고 말하는 것이다. 다시 말해 우주의 진화 방식이나 물리적 작동 방식이 인간이 존재한다는 사실과 모순되어서는 안 된다는 뜻이다.

예를 들어 탄소의 공명에너지 준위가 없었다면 우주에 탄소는 존재할 수 없고 인간이 우주에 존재한다는 사실과 모순된다. 호일은 그런 모순이 있을 리가 없다는 생각에 바탕을 두고 탄소의 공명에너지 준위를 역추론을 통해 발견한 것이다.

물론 여기에서 말하는 '일관성'이 인간 존재의 '필연성'을 뜻하는 것은 아니다. 일부 종교인들은 우주가 필연적으로 인간의 존재를 예측하는 방식으로 설계되었다는 강한 인류 원리strong anthropic principle를 주장하기도 하지만 이는 과학적으로 받아들일 수 있는 주장은 아니다.

약한 인류 원리는 이 우주에 인간이 존재할 수도 있고 아닐 수도 있었지만 적어도 우리의 존재와 우주의 성질과 물리법칙 사이에 모순은 없어야 한다는 당연한 말을 하고 있을 뿐이다. 인류사에서 모차르트라는 작곡가가 반드시 등장했어야 할 역사적 필연은 없지만, 모차르트라는 사람이 존재했다는 사실 자체는 지구의 자연환경과 물리법칙에 어긋나는 일이 아닌 것처럼 말이다.

탄소의 기원을 설명한 호일은 천문학자이자 물리학자인 영국의 마거릿 버비지Margaret Burbidge, 제프리 버비지Geoffrey Burbidge와 미국 칼텍의 윌리엄 파울러William Fowler 등과 함께 계속 별 내부의 핵합성 연구에 매진했고 그 결과를 종합한 것이 1957년에 작성된 기념비적인 논문 「항성에서의 원소의 생성Synthesis of the Elements in Stars」에 담긴다. 저자들의 이름 이니셜을 따서 'B^{2}FH paper'라고 불리곤 한다.

이 논문은 탄소, 질소, 산소, 규소 등 비교적 가벼운 원소뿐만 아니라 은이나 금에 이르기까지 모든 원소가 별 내부에서 형성된다는 것을 원칙적으로 밝힘으로써 지구상에 존재하는 거의 모든 원소의 기원을 설명한다. 논문의 저자 중 한 명이었던 파울러는 이 공로를 인정받아 1983년 노벨 물리학상을 수상했다. 호일도 과학적 업적만 놓고 본다면 파울러와 함께 노벨상을 받을 자격이 충분했기에, 오늘날에도 그가 노벨상을 수상하지 못한 이유들에 관한 여러 설들이 제기된다.

호일이 판스퍼미아나 정상우주론과 같이 정통적이지 않은 특이한 주장을 펼치는 것이 과학자 사회의 반감을 불러일으켰다는 점이 그중 하나다. 노벨상 수상자 선정을 놓고 호일이 강한 비판을 제기했었던 사건이 호일의 노벨상 수상에 방해가 되었다는 이야기도 적지 않다.

영국의 전파천문학자인 앤터니 휴이시$^{Anthony\ Hewish}$가 펄사^{pulsar}를 발견한 공로로 1974년 노벨 물리학상을 받았을 때, 휴이시의 박사과정 학생이었던 조슬린 벨 버넬$^{Jocelyn\ Bell\ Burnell}$이 노벨상에서 제외된 점에 대해 많은 논쟁이 있었다. 펄사의 발견에 직접적인 기여를 한 사람은 휴이시가 아니라 버넬이었기 때문이었다.

호일도 이 점을 놓고 노벨상 수상 위원회를 비난한 바 있다. 호일이 노벨상에서 제외된 이유가 무엇이든 그가 과학에 이바지한 공로를 생각한다면 안타까운 일이다.

별과 물질의 거대한 순환

호일은 자신의 정상우주론을 완성하기 위해 별과 물질의 순환을 다음과 같이 설명한다. 별 내부에서 탄소, 질소, 산소, 규소, 철 등의 중원소들이 합성되고, 별이 일생을 다해 죽어가며 초신성으로 폭발할 때 각종 원소들이 은하들 사이의 공간 혹은 별 사이의 공간으로 퍼져나간다. 그리고 성간물질에서는 새로운 별들이 만들어지고, 이 과정은 무한히 반복된다. 공간에서는 우주의 팽창에 따라 새로운 수소가 끊임없이 만들어지지만, 별들이 만들어낸 새로운 원소들도 계속 주입되기에 우주 전체의 중원소 함량비는 변하지 않고 정상 상태를 유지한다.

비록 우주의 밀도와 화학적 조성비가 영원히 지금의 모습을 유지하고 있다는 호일의 생각은 틀렸을지라도 별과 물질이 순환한다는 생각은 결론적으로 옳았다.

현대 천문학은 별의 탄생과 진화, 죽음을 통해 별과 물질이 끊임없이 순환하는 역동적인 우주의 모습을 보여준다. 정상우주론과 차이가 있다면, 빅뱅우주론에서 설명하는 우주는 시간이 지나며 별과 물질의 반복적인 순환에 따라 탄소, 산소, 철 등 중원소들의 함량비가 점점 더 높아진다는 점이다.

정상우주론의 우주가 마치 완성된 성인이 과거, 현재, 미래에도 변함없이 그 모습 그대로를 유지하고 있는 것과 같다면, 빅뱅우주론의 우주는 영아, 유아, 소아, 청소년, 청년, 장년 등을 거쳐가면서 점점 변화하는 사람의 모습과 같다. 운동하거나 변화하는 것, 즉 '진화'하는 것은 '존재'하는 것이 아니며 '영원'한 것만이 참되게 '존재'하는 것이라 생각했던 고대 그리스의 철학자들이 이 사실을 알았다면 과연 어떻게 반응했을까? 우주는 과거와 현재가 다르고 현재와 미래가 다르다.

우리 안에 새겨진
우주의 장엄한 역사

생명의 요람, 행성상성운

별이 진화하면서 내부에서 중원소들을 합성하는 상세 과정은 별의 질량에 따라 다르다. 태양과 같이 질량이 상대적으로 가벼운 별은 수소 핵융합 과정이 끝나면 중심에는 헬륨으로 구성된 핵이 만들어지고 별의 크기는 수백 배에 이르도록 급격히 팽창하면서 붉은색을 띠는 적색거성 red giant star이 된다. 헬륨 핵의 온도가 수억 도에 이르면 삼중알파반응이 시작되고 중심부는 탄소와 산소로 구성된 핵으로 바뀐다. 이후 별은 크기가 태양의 300배에서 1000배에 이르는 소위 점근거성열 Asymtotic Giant Branch, AGB 단계에 도달한다.

탄소와 산소 핵의 표면을 둘러싸고 있는 헬륨 껍질에서

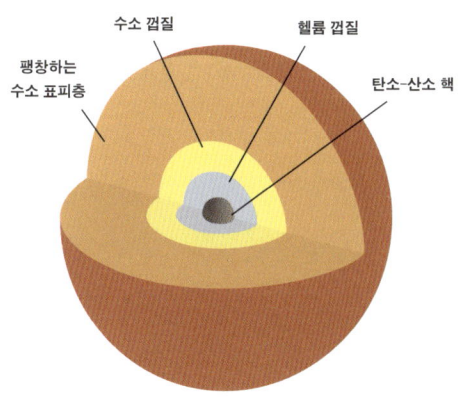

점근거성열 단계에 있는 별의 내부 구조

는 이때부터 매우 격렬한 삼중알파반응이 일어나고 이때 만들어진 탄소는 별 외각층의 대류 운동을 통해 별의 표면으로 전달된다. 이 과정에서 헬륨 껍질을 둘러쌓고 있는 수소 껍질에서는 탄소-질소-산소 순환 과정이라 불리는 수소 핵반응을 통해 많은 양의 질소가 생성된다.

내부의 격렬한 핵반응이 방출하는 에너지를 흡수하는 별의 표피층은 매우 불안정해지면서 우주 공간으로 짧은 시간에 방출된다. 이렇게 방출된 물질에는 많은 양의 질소와 탄소가 포함되어 있다. 그리고 이트륨^{yttrium}, 몰리브덴

molybdenum, 바륨barium 등과 같은 철보다 무거운 희귀 원소들도 이 과정에서 복잡한 핵융합 과정을 통해 생성되어 우주 공간으로 방출된다.

결국 점근거성열 단계의 별은 표피층을 우주 공간으로 다 잃어버리면서 탄소와 산소 핵만 중심에 남겨놓게 된다. 이 단계에서 관찰되는 천체를 행성상성운planetary nebulae이라고 부른다. 중심부에 남은 탄소와 산소 핵 내부에서는 더 이상 핵반응이 일어나지 않기에 백색왜성white dwarf이 되어 차갑게 식어간다.

행성상성운에 존재하는 질소와 탄소는 분광 관측을 통해 탐색할 수 있다. 허블 망원경으로 관측한 고리 성운ring nebula을 보면 가운데에 백색왜성이 있고, 그 주변으로 붉은색의 질소가 방출하는 빛을 발견할 수 있다. 별 내부에서 만들어진 질소가 행성상성운의 형태를 통해 우주 공간으로 방출되는 것이다. 지구 대기의 70퍼센트 이상을 차지하고, DNA의 주요 성분 중 하나인 질소의 대부분이 이렇게 별 내부에서 생성되어 별의 마지막 진화 단계에 우주 공간으로 퍼져나간다.

적외선으로 관측한 붉은 직사각 성운red rectangle nebula을 보

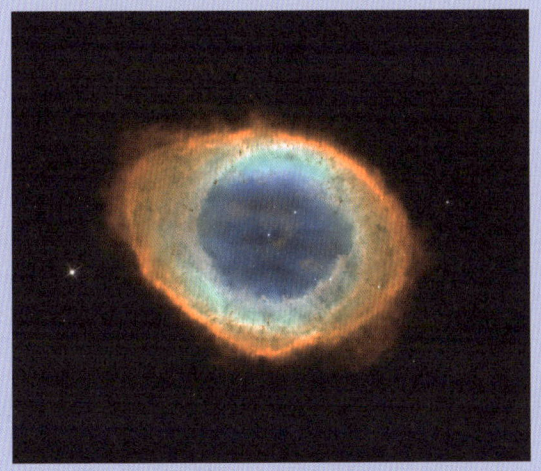

행성상성운의 하나인 고리 성운 ⓒ NASA/ESA

행성상성운의 하나인 직사각 성운 ⓒ NASA/ESA

면 탄소로 구성된 먼지들이 방출하는 빛을 발견할 수 있다. 별 내부에서 합성된 탄소가 우주 공간으로 방출되어 탄소로 구성된 미세먼지를 만든 것이다. 지구상 유기분자에 존재하는 탄소들의 대부분은 이런 방식으로 별 내부에서 합성되어 우주 공간으로 퍼져나간다. 이처럼 생명에 중요한 원소를 담고 있기에 흔히 행성상성운을 '생명의 요람'이라 부른다.

우리 태양도 50억 년 후에는 이처럼 죽어갈 것이다. 태양이 점근거성열 단계에 이르면 거대하게 팽창한 표피층이 지구를 삼킬 것이고 지구는 그 뜨거운 열을 견디지 못하고 녹아내릴 것이다. 우리 몸을 구성했던 원소와 지구를 구성했던 원소들 또한 태양 내부에서 새롭게 생성된 질소, 탄소, 그리고 각종 중원소와 함께 섞여져 행성상성운의 형태로 우주 공간에 흩어질 것이다. 결국 이 모두는 새로운 별과 새로운 생명의 탄생을 위해 쓰일 것이다.

폭발을 통한 탄생, 초신성

태양보다 8배 이상 무거운 별은 태양과는 다른 방식으로 죽음을 맞이한다. 이들은 수소 핵융합을 마친 후 중심부에 헬륨 핵이 만들어지면 적색초거성$^{\text{red supergiant}}$으로 진화한다. 추운 겨울의 밤하늘에서 쉽게 보이는 오리온자리의 오른쪽 어깨 부분에서 붉은색을 띠며 밝게 빛나는 베텔게우스가 바로 이 단계에 있는 적색초거성이다.

적색초거성의 헬륨 핵 내부에서는 핵반응을 통해 탄소와 산소가 생성되고 헬륨이 소진하면 탄소와 산소로 구성된 핵을 만든다. 중심부의 온도가 계속 높아지면서 탄소, 산소 등도 끊임없이 핵반응을 하며 더욱 무거운 원소를 합성한다. 결국 진화의 마지막 단계에는 가장 중심부에 철로 구성이 된 핵이 만들어진다. 그 바깥쪽은 규소, 산소, 네온, 탄소, 헬륨이 각각 껍질 층을 이루고 가장 외각은 두껍고 거대한 수소 표피층이 감싸고 있다.

철은 가장 안정한 원소로서 더 이상 핵융합반응에 참여하지 않는다. 내부에서 발생하는 에너지가 없기 때문에 철 핵은 자체의 무게를 견디지 못하고 어느 순간 중력에 의해 급격히 수축한다. 이때 중심부의 밀도와 온도가 매우 높아지면서 철은 양성자와 중성자로 광분해되고, 양성자는 다시 전자와 결합해 중성자로 바뀐다. 중심부 물질의 대부분은 이렇게 중성자로 바뀌고 중력에 의해 뭉쳐져 질량은 태

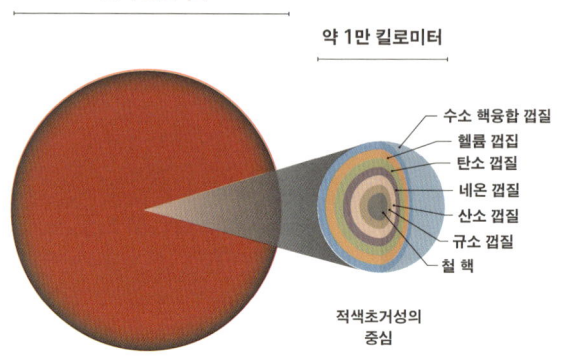

최종 진화 단계에 있는 적색초거성의 내부 구조

양의 1.4배이지만 반경은 약 10킬로미터에 불과한 중성자별을 만들게 된다.

 이 과정에서 막대한 양의 에너지가 중성미자로 방출되면서 철 핵 바깥에 있던 물질에 에너지를 전달해 폭발을 일으킨다. 이 폭발이 바로 초신성이다. 이때 철 핵 바깥의 모든 물질은 초신성 폭발을 통해 우주 공간으로 빠르게 퍼져 나간다. 이처럼 무거운 별의 폭발은 주로 '제II형 초신성'이라는 형태로 관찰된다.

 초신성은 이처럼 무거운 별뿐만 아니라 태양과 같이 가

벼운 별들이 죽고 남은 잔해인 백색왜성이 쌍성계에 있을 경우에도 만들어질 수 있다. 백색왜성과 짝을 이루고 있는 동반별이 서로 충분히 가까우면, 동반별의 질량 일부가 백색왜성으로 전달되는 경우가 종종 있다. 그러다가 백색왜성이 점점 더 무거워지면 어느 순간 자체의 무게를 견디지 못하고 급격히 중력 수축하면서 거대한 핵폭발을 일으킨다. 이렇게 만들어진 초신성을 흔히 '제IA형 초신성'이라 한다.

초신성 폭발을 통해 방출된 원소는 초신성의 종류에 따라 다소간에 차이가 있지만, 대부분 별의 다양한 진화 과정에 걸쳐 내부에서 만들어진 산소, 탄소, 규소, 황, 인 등과 같은 원소뿐 아니라 초신성과정에서 발생한 폭발적 핵합성을 통해 생성된 철, 구리, 니켈, 아연 등과 같은 각종 중금속들도 많이 포함되어 있다.

무거운 별이 초신성으로 폭발하는 순간을 직접적으로 관측한 대표적인 예로는 1987년 대마젤란은하에서 폭발한 초신성이 있다.

우리나라에도 초신성을 관찰했다는 기록이 문헌으로 남아 있다. 한 예로 1604년 초신성의 밝기 변화를 관찰한 관상감 천문학자들의 기록을 『조선왕조실록』에서 찾을 수 있다. 당시에는 전에는 없던 별이 갑자기 우리를 방문했다는 의미에서 초신성을 손님별, 혹은 객성이라고 불렀다. 이 초신성은 동시대에 살던 독일의 천문학자 요하네스 케플러도 관측한 바 있다.

현대 천문학자들은 『조선왕조실록』의 기록과 케플러의 기록을 이용해 이 초신성이 백색왜성이 쌍성계에서 폭발하는 제IA형 초신성임을 확인할 수 있었다. 오늘날에도 관찰되는 이 초신성의 잔해를 흔히 케플러 초신성 잔해라 부른다.

조선 시대 관상감 천문학자들의 이름이 붙지 않은 이유는 천문학을 비롯한 현대의 자연과학 대부분이 서구 사회에서 발전해온 만큼 용어 또한 그들의 관점에서 만들어졌기 때문이다. 어찌 됐든 이를 현대 망원경으로 관찰하면 초신성 잔해가 방출하는 빛의 스펙트럼을 통해 철을 비롯한 중원소들이 이 잔해 안에 다량 존재하고 있음을 확인할 수 있다. 케플러 초신성은 현재도 여전히 빠른 속도로 팽창하며 그 잔해를 우주 공간 속으로 계속 퍼뜨리고 있다.

2013년에는 서울대학교 물리천문학부 구본철 교수팀

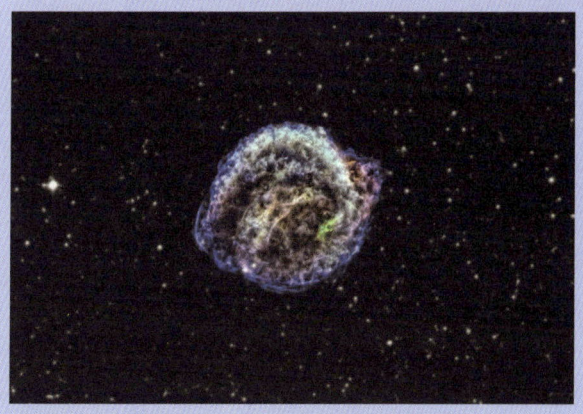

1604년에 우리 은하에서 폭발한 케플러 초신성 잔해
ⓒ NASA/CXC/NCSU/M.Burkey et al

카시오페이아 A 초신성 잔해
ⓒ NASA/JPL-Caltech/O.Krause(Steward Observatory)

이 350년 전쯤에 우리 은하에서 폭발한 카시오페이아 A 초신성 잔해에서 다량의 인을 발견해 관련 논문 「카시오페이아 A 젊은 초신성 잔해 속의 인Phosphorus in the Young Supernova Remnant Cassiopeia A」이 《사이언스》에 게재되기도 했다.

앞서 이야기했듯이 인은 수소, 탄소, 질소, 산소, 황과 더불어 지구상 모든 생명체에서 공통적으로 존재하는 6대 원소의 하나로, DNA의 뼈대를 이루는 원소다. 인체 내부에서 에너지를 공급하는 역할을 수행하는 아데노신 삼인산 Adenosine TriPhosphate, ATP 분자에서도 인은 핵심적인 역할을 한다.

이 초신성은 무거운 별이 폭발한 제II형 초신성이다. 그전에도 많은 관측을 통해 산소, 황 등의 원소들의 존재를 제II형 초신성에서 확인한 바 있었지만, 인이 다량 존재한다는 사실을 밝힌 것은 이 연구가 최초의 사례였다. 생명의 기원을 탐구하는 데 초신성의 중요성을 다시 한번 상기시켜준 성과였다.

빅뱅의 또 다른 증거

이제 우리는 우주에서 원소들이 어떤 과정으로 생성되었고, 그것이 별들과 어떤 관계를 갖는지 이해할 수 있다. 다

별과 물질의 순환

시 반복하자면 별들 사이에 존재하는 성간물질에서 별이 탄생하고, 태양과 같이 가벼운 별들은 적색거성으로 진화했다가 점근거성열과 행성상성운 단계를 거치면서 내부에서 만들어진 질소와 탄소, 기타 여러 중원소들을 우주 공간으로 퍼트린다. 이렇게 퍼트려진 물질들은 다시 성간물질로 유입되어 이를 근거로 새로운 별들이 다시 만들어진다. 이런 순환이 반복되며 우주 공간에는 시간이 지남에 따라 점점 더 많은 질소와 탄소가 존재하게 된다.

마찬가지로 무거운 별들도 성간물질에서 만들어져, 적색초거성으로 진화했다가 초신성 폭발을 통해서 산소, 황, 인, 규소, 철 등의 물질들을 우주 공간에 흩뿌린다. 이 원소들은 새로운 별의 탄생에 참여하며 순환이 반복된다.

우주가 화학적으로 진화한다는 사실은 빅뱅우주론의 중요한 예측의 하나다. 빅뱅우주론에 따르면 빅뱅 직후에는 탄소, 산소, 철 등의 어떤 중원소도 존재하지 않았지만 별과 물질의 순환이 계속 반복되며 중원소들의 양은 시간이 흐를수록 점점 증가한다. 천문학자들은 이런 예측을 관측을 통해 검증하고자 많은 노력을 기울였다.

이를 위해 아주 멀리서 관찰되는 천체, 즉 빅뱅이 발생

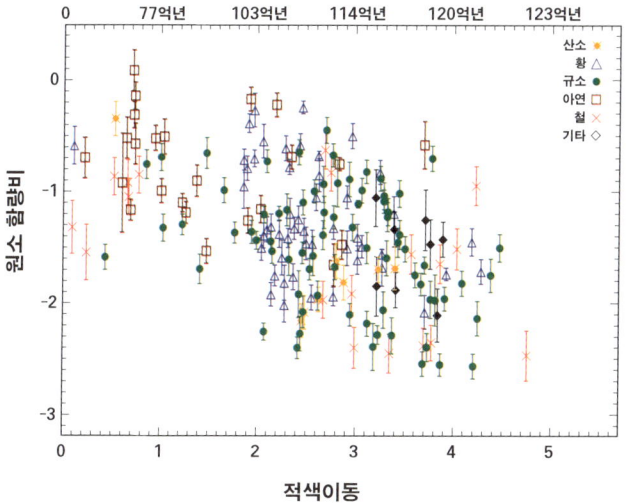

과거와 현재의 중원소 함량비

한 지 얼마 되지 않은 유아기와 청소년기의 우주 물질 속 원소의 함량비를 관측하기도 한다. 초기 우주에는 중원소의 양이 적으므로 관측하는 천체가 보여주는 스펙트럼은 흡수선이나 방출선이 매우 약한 비교적 깨끗한 모습을 보인다. 그러나 우주가 진화할수록, 즉 현재로 올수록 더 많은 중원소들이 만들어지기에 스펙트럼의 선들은 점점 더 복잡하고 강한 모습을 띠게 된다.

실제로 과거로 갈수록 중원소의 함량비가 평균적으로 감소하는 모습을 관측을 통해 확인할 수 있다. 앞의 그래프에서 가로축은 적색이동과 그에 따른 우주의 나이를 현재부터 거슬러 광년 단위로 나타낸다. 0년은 현재, 123억년은 123억 년 전의 과거를 뜻한다. 세로축은 각종 원소의 함량비를 보여주는데, 0에 해당하는 값은 태양계의 함량비와 일치한다는 의미이며 –1은 태양계의 10분의 1, –2는 태양계의 100분의 1, –3은 태양계의 1000분의 1을 뜻한다. 시간에 따라 우주의 화학적 조성이 '진화'한다는 사실을 보여주는 이 관측은 정상우주론에서는 예측하지 못했던 일이고, 빅뱅우주론의 손을 들어준다.

우주 역사를 체현하는 인간

오늘날 사람들은 초자연적인 능력이나 탁월한 지성을 통해 신성, 즉 진리를 발견하려고 애쓴다. 성경의 바울이 말했듯 유대인은 기적을 구하고 헬라인은 지혜를 구한다. 오늘날에도 귀신을 쫓아내는 식의 기적적 행위를 보여주는 종교 지도자를 추종하거나 다른 한편으로는 호킹과 같은 천재의 입에 주의를 기울이는 모습이 흔히 관찰된다. 플라톤을 비롯한 고대 그리스인들은 신성, 혹은 진리를 원이나 정다면체가 보여주는 완벽한 대칭의 모습에서 찾으려고 했다. 그들에게는 완벽함이 보여주는 아름다움이 곧 진리였다.

하지만 거울을 통해 보이는 나의 모습은 그다지 아름답지 않다. 좌우의 모습이 완벽한 균형을 이루고 있지도 않고 밀로의 비너스나 미켈란젤로의 다비드처럼 얼굴과 팔다리의 균형이 이상적이지도 않다. 호킹의 지성을 갖추고 있지도 않으며 마블의 영웅들처럼 초능력을 갖고 있지도 않다. 더군다나 우리는 불멸의 존재도 아니며, 시간이 흐름에 따라 늙어가고 언젠가는 흙으로 돌아갈 것이다.

그렇지만 현대 과학은 평범한 육체인 인간에게서 진리를 발견한다. 빅뱅우주론이 추적하는 우주의 역사는 인간 또한 우주 역사의 일부라는 것을 보여준다. 인간은 뜬금없이 하늘에서 떨어지거나 땅에서 솟아난 존재가 아니다. 우리 몸의 DNA를 이루는 원소들 중 수소는 빅뱅을 통해 우주에 존재했다. 즉 우리의 몸은 빅뱅의 순간을 기억하고 있다. 그 외의 원소들은 모두 별 안에서 합성되어 우주 공간에 퍼져나갔고 그 물질이 다시 새로운 별을 탄생시켰다.

우리의 핏속을 흐르는 철, DNA를 구성하는 원소들은 모두 과거 언젠가에 별 속에서 생성되었다. 별들의 먼지로 구성된 우리 몸은 별의 탄생, 별의 진화, 별의 죽음과 초신성 폭발의 과정을 기억하고 있다. 그 과정에서 지구와 같은 행성도 만들어졌고 인체를 구성하는 원소들이 지구에 마련되었다. 우리가 별에서 왔다는 말은 그저 낭만적인 수사가 아니다. 문자 그대로의 과학적 사실이다.

결국 우리 모두에게는 빅뱅과 별과 물질의 순환을 통해 이루어진 전 우주의 장엄한 역사가 새겨져 있다. 그러니 만약 하늘의 별에 관해 알기 원한다면 저 하늘을 보기 전에 먼저 거울 앞에 선 우리 자신을 바라보는 시간을 갖는 것도 나쁘지 않을 것이다. 거울에 비친 당신은 우주 역사의 체현이다.

Q 묻고

답하기 **A**

스스로 발현하는 별들 외에 지구와 같이 태양 빛에 반사되는 별들도 밤하늘에서 육안으로 확인할 수 있는가?

우리나라에서는 일반적으로 하늘에서 빛나는 모든 천체를 별이라고 부른다. 그러나 영어에서는 붙박이별, 즉 항성을 스타star, 떠돌이별인 행성을 플래닛planet이라는 단어를 사용하며 전혀 다른 것으로 구별한다.

과학적으로는 이런 영어식 구별이 더 편리하기에 천문학에서는 시리우스나 베텔게우스처럼 하늘에서 위치가 변하지 않고 고정되어 있는 붙박이별을 별이라고 하며, 화성이나 목성처럼 위치가 계속해서 바뀌는 떠돌이별을 행성이라 구별해서 부른다.

따라서 태양계에서 천문학적으로 별이라고 부를 수 있는 것은 태양뿐이다. 나머지 지구, 목성, 토성 등은 모두 행성이다. 대부분의 별들은 수소 핵융합을 통해 발생되는 에너지로 빛나고 있지만, 화성이나 목성 등과 같이 자체 핵융합을 하지 않는 행성은 태양 빛을 반사한 모습으로 우리 눈에 보인다.

행성은 그 크기도 작고 절대 밝기도 굉장히 어둡다. 목성의 경우 지구와 가까워서 밝아 보일 뿐, 자체적으로는 거의 빛나지 않는 수준이다.

그러므로 우리가 밤하늘에서 보는, 태양계의 행성을 제외한 모든 붙박이별들은 자체적으로 내부에서 핵융합을 통해 에너지를 생성하는 별이라고 할 수 있다.

예외가 있다면 내부에서 뜨거운 열에너지를 방

출하며 빛을 내는 백색왜성이 있다. 백색왜성은 차가운 행성과 달리 상당히 뜨겁기 때문에 핵융합반응이 내부에서 일어나지 않더라도 다른 별처럼 밝게 빛날 수 있다.

양자물리학이 더욱 발달하면 미래에는 생명체의 크기를 자유자재로 축소하거나 확대시키는 것도 가능해지는가?

빅뱅우주론과 원소의 기원을 설명하며 이야기했듯이 과학의 역사는 한마디로 불가능하다고 여겨졌던 것들의 실현이라 할 수 있다. 때문에 어떤 것이 불가능하다는 단언은 굉장히 조심해야 하지만, 그럼에도 영화 〈앤트맨과 와스프Ant-Man and the Wasp〉에서와 같이 생명체가 극단적으로 커지거나 작아지는 것은 현재 알려진 물리법칙과는 상충된다.

우리의 몸은 원자들로 구성되어 있고 그 원자들의 결합으로 분자들이 만들어지며, 그런 결합에 따른 힘이 존재하고 그 힘에 따라서 정해진 크기가 존재한다. 때문에 우리의 몸이 원자 수준으로까지 줄어드는 것은 현재 우리가 알지 못하는 다른 물리법칙이 존재하지 않는 한 불가능하다.

망원경이 발달하면 빅뱅 이전의 우주도 관찰 가능한가? 이때 관찰한 우주는 어느 방향에서도 똑같이 보일까?

우주가 팽창하며 적색이동을 하면 아주 멀리 있는 별들의 경우 별빛이 적외선 대역으로 이동하게 된다. 허블 망원경의 경우 태양처럼 가시광선에서 밝게 빛나는 별은 촬영하기에 적합하지만 적외선에 해당하는 빛을 찾기에는 부족하기에 제임스 웹 우주망원경James Webb Space Telescope, TWST을 새롭게 개발 중에 있다. 즉 우주 초기에 있는, 빅뱅 직후에 만들어진 별들을 관찰하기 위한 것이다.

그러나 아쉽게도 제임스 웹 우주망원경으로도

빅뱅 폭발의 순간을 관찰하는 것은 불가능하다. 우리가 빛을 통해서 보고자 할 때는 빛이 통과하는 매질이 투명해야 하는데, 우주배경복사 이전의 우주는 물질이 투명하지가 않았다.

결국 우리는 물질이 빛에 대해 투명해지기 시작한 우주배경복사의 순간 이전의 우주 모습은 볼 수 없는 것이다. 이는 마치 두터운 먹구름으로 가득 뒤덮인 흐린 하늘에서는 태양을 찾아볼 수 없는 것과 같다.

또한 우주의 3차원 공간은 풍선과 같이 특정한 중심점 없이 등방향적으로 팽창하고 있는 모습이다. 인간을 풍선에 찍힌 작은 점이라고 한다면 2차원 공간에 사는 인간이 보는 우주는 풍선처럼 어디를 보더라도 방향성 없이 균일하게 팽창하는 모습이다.

그러므로 어느 방향으로 보든 초기 우주의 모습은 달라지지 않는다. 국부적인 요동에 따른 세부적 차이는 존재하겠지만 평균적인 모습은 모두 유사하다는 의미다.

4부 _____

외계 생명과 인공지능,

인류는 어디로

갈 것인가

생명이란 무엇인가? 우주에는 외계 생명체가 존재하는가? 첨단 과학기술이 밝혀낸 우주의 신비 속에서 새로운 문명의 가능성을 발견한다.

생명의 씨앗이 지구에 떨어지기까지

창조의 기둥

앞서 지구와 인체를 구성하는 원소의 기원을 살펴봤다면 이제 다음 단계의 질문으로 넘어가기로 하자. 생명은 어떻게 탄생했을까? 암흑과 죽음의 공간으로 보이는 이 우주에서 어떻게 생명이라는 기적이 가능했을까? 지구만이 유일하게 생명을 지니고 있는 행성일까? 아니면 생명은 우주 어디에나 편만하게 존재하는 우주적 필연일까?

태양계가 형성되는 과정에서 지구가 탄생한 것은 약 46억 년 전이었다. 그로부터 약 10억 년이 지난 35억 년 전, 생명체가 처음으로 지구에 등장한다. 10억 년 사이에 무슨 일이 벌어졌는지 살피는 것이야말로 생명 탄생의 비밀을 푸는 주요한 열쇠가 될 것이다. 그 과정은 생각보다 쉽지 않다. 심지어 우리는 아직 DNA나 RNA처럼 자기 복제가 가능한 복합 유기분자의 기원에 관해서도 제대로 알지 못한다. 여기에서는 초기 지구에서 발생한 각종 복잡한 화학반응에 집중하기보다는, 천문학적인 관점에서 생명의 가능성을 짚어볼 것이다.

생명이 탄생하고 생존하기 위해서는 알맞은 환경이 필요하다. 물질적으로는 수소, 탄소, 질소, 산소, 황, 인 등 생명체에 필수적인 원소가 풍부해야 하고, 공간적으로는 에너지를 안정적으로 공급받을 수 있는 장소여야 한다. 더 나아가 물이 액체 상태로 존재할 수 있어야 할 것이다. 이 모든 조건을 만족시키는 곳은 역시 지구와 같은 적당한 크기의 행성이다.

행성은 다음과 같은 이유에서 별과 독립적으로 생각할 수 없다. 첫째, 행성은 항상 별 형성 영역 주변에서 만들어진다. 둘째, 행성은 별 주변을 공전한다. 이런 사실은 에너지의 관점에서도 중요하다. 식물이 태양에너지 받아 일부를 녹말에 저장하면 동물은 식물을 섭취함으로써 녹말에서 얻은 에너지를 다른 형태로 저장한다. 인간은 동식물을 섭취하는 과정에서 에너지를 얻는데, 이 모든 것은 곧 다양한 형태로 저장된 태양에너지를 흡수하는 과정이다. 즉 인간은 별빛을 먹고 사는 존재인 것이다.

행성과 생명은 이처럼 별과 불가분의 관계에 있다. 그러므로 별을 올바르게 이해하는 것이야말로 생명을 탐구하는 데 반드시 선행해야 하는 과정이다.

별은 성간물질에서 만들어진다. 성간물질이란 별과 별 사이에 존재하는 물질이다. 밀도가 상대적으로 낮은 경우에는 주로 중성 수소와 헬륨으로 구성되어 있지만, 밀도가 높은 곳에는 여러 원자들이 뭉쳐진 분자들이 관찰된다. 그중에는 수소 분자(H_2)가 가장 많고 일산화탄소(CO), 암모니아(NH_3), 사이안화 수소(HCN) 등도 포함되어 있다.

또한 이곳에는 먼지들도 많다. 성간먼지는 크기가 0.1마이크로미터가 채 되지 않기에, 오늘날 한국인들의 골칫거리인 약 2.5마이크로미터의 초미세먼지보다도 훨씬 더 작다. 이 먼지들은 죽어가는 별들이 방출하는 항성풍, 혹은 별이 죽은 직후 남겨놓은 초신성 잔해나 행성상성운에서 주로 만들어진다. 이런 곳은 별 내부에서 합성된 중원소들이 많고 밀도가 높아 먼지들이 쉽게 형성되기 때문이다.

성간먼지는 산소, 탄소, 철, 규소, 마그네슘, 니켈 등으로 구성되어 있다.

성간물질의 밀도가 상대적으로 높은 영역에서는 중력의 작용으로 별이 형성될 수 있다. 이런 별 탄생 순간의 대표적인 장면이 1995년 허블 망원경에 의해 포착된 '창조의 기둥 Pillars of Creation'이다. 당시 천문학자들은 이 숨 막히는 장면을 그저 멍하니 바라보며 침묵하곤 했다. 군데군데 붉게 보이는 점이 새로운 별이 탄생한 곳이며, 기둥 안에서는 지금도 여러 별들이 새롭게 만들어지고 있다. 기둥 사이의 밀도가 낮은 영역은 새롭게 탄생한 별들이 주변 물질들을 증발시키면서 만들어진 공간이다. 기둥들도 결국 새로운 별들이 더 많이 탄생함에 따라 모두 증발해 없어지게 될 것이다.

사진에서 우리가 볼 수 있는 것은 기둥 밖의 모습뿐이다. 갓 태어난 별의 모습은 그저 붉은 점으로만 확인할 수 있다. 새롭게 탄생하는 별 주변은 과연 어떤 모습을 띠고 있을까? 애석하게도 별이 탄생하는 영역의 깊은 곳은 많은 먼지들로 둘러싸여 있어서 가시광선으로는 자세한 모습을 들여다보기 어렵다.

창조의 기둥이 발견된 지도 20년이 넘게 지났다. 전파

허블 망원경이 관측한 '창조의 기둥'
ⓒ NASA, ESA, and the Hubble Heritage Team (STScI/AURA)

망원경의 발달로 이제 많은 부분에서 그 한계가 극복되고 있다. 특히 칠레의 아타카마사막에 설치된 알마$^{Atacama\ Large\ Millimeter\ Array,\ ALMA}$는 전파망원경 간섭계로, 구경 7미터, 12미터의 전파망원경 66개가 16킬로미터 범위에 걸쳐 배치되어 있다. 2011년부터 본격적인 가동을 시작해 별 탄생 영역의 세부적인 모습을 훌륭하게 탐색하고 있다.

행성의 탄생과 물의 합성

알마로 관측한 아기 별 'HL Tau'의 사진을 보면 중심부에는 갓 태어난 별이 밝게 빛나고 있고 그 주변을 소위 말하는 강착원반$^{accretion\ disk}$이 둘러싸고 있는 것을 확인할 수 있다. 강착원반은 각운동량이 보존된다는 사실로부터 자연스럽게 설명되는 현상이다.

각운동량이란 회전속도와 회전의 궤도 반경을 곱한 값으로 정의되는 물리량이다. 따라서 각운동량이 보존될 경우, 회전속도는 반경이 작아지면 빨라지고 반경이 커지면 느려진다. 피겨스케이팅 선수가 회전속도를 줄일 때 팔을 넓게 펴고, 반대로 가속시킬 때 팔을 오므리는 장면을 떠올려보면 그 원리를 이해하기 쉽다.

알마로 관측한 아기 별 'HL Tau'와 주변의 강착원반
ⓒ ALMA(ESO/NAOJ/NRAO)

별이 형성되기 한참 전 성간운의 크기는 강착원반의 크기와는 비교도 되지 않을 정도로 컸고 회전속도도 느렸다. 물질이 중력으로 수축하면서 회전속도도 그에 따라 가속화된다. 결국 한가운데 별이 형성된 후 주변 물질들은 빠른 회전속도 탓에 별 위로 바로 떨어지지 못하고 원반을 형성하며 별 주변을 공전하게 된다. 이런 강착원반에서 지구나 목성 같은 행성이 생성되며 많은 양의 소행성들과 혜성들도 만들어진다.

별 형성 영역의 물질을 구성하는 원소 대부분은 수소와 헬륨이다. 나머지 2퍼센트의 탄소, 질소, 산소, 규소, 철 등과 같은 원소들은 일산화탄소나 암모니아와 같은 분자, 혹은 미세먼지 형태로 존재한다.

따라서 별과 강착원반 역시 대부분 수소와 헬륨으로 구성되어 있다. 다만 별은 내부의 온도가 매우 높기에 모든 분자들과 먼지들이 원소들로 분해되어 기체 상태로 존재하는 반면, 강착원반의 온도는 상대적으로 낮아 분자들과 먼지들이 분해되지 않은 상태로 머문다.

강착원반 자체도 오랜 기간 안정한 상태로 머물지는 못한다. 국부적으로 밀도가 높은 영역은 중력에 의해 불안정해져 더 많은 물질들이 응집해 목성과 같은 거대 행성이 만들어질 수 있다. 목성을 구성하는 물질들도 태양처럼 수소와 헬륨이 거의 대부분이다.

반면 지구형 행성이 만들어지는 과정은 전혀 다르다. 지구의 구성 성분이 주로 금속과 같은 중원소들이라는 사실은, 수소와 헬륨이 주 구성 요소인 강착원반의 물질들 중에서도 중금속이 많은 먼지들만 선택적으로 응집해 만들어진 것임을 암시한다.

밀도가 높은 강착원반의 먼지들은 서로 충돌하면서 그 크기가 점차 커진다. 그렇게 먼지들이 뭉쳐서 바위 크기로 자라나면 결국 소행성이 된다. 소행성들이 국부적으로 더 많이 충돌해 질량이 커지고 자체 중력에 의해 묶일 수 있는 개체로 성장하면 지구와 같은 행성이 된다.

행성은 이처럼 별의 탄생 과정에서 만들어진 부산물이다. 지구가 태양 주변을 공전하고 있다는 사실은 우연이 아니다. 저 하늘에 보이는 수많은 별들의 주변을 공전하고 있는 행성 역시 흔하게 발견되는 보편적인 현상일 수밖에 없다.

행성의 형성에 중요한 역할을 하는 성간먼지는 또 다른 의미에서 생명의 기원을 탐색하는 데 매우 중요한 역할을 한다. 별 형성 지역은 밀도가 높고 많은 원소들이 분자의 형태로 존재하고 있다. 수소 분자(H_2), 일산화탄소(CO), 암모니아(NH_3), 물(H_2O), 메탄(CH_4) 등이 그 예다. 철이나 니켈 같은 금속은 주로 성간먼지 내부에 있다.

이 중에서도 일산화탄소는 기체 상태에서 쉽게 만들어지는 분자에 속한다. 반면 수소 분자를 비롯해 암모니아, 메탄 등은 주로 각종 원자들이나 분자들이 성간먼지 표면에 들러붙은 후 합성된다고 추측된다. 이 과정에서 생명에 필수적인 물 분자 또한 만들어진다. 성간먼지 위에서 수소 분자가 합성되었고 주변에 있던 일산화탄소도 먼지와 충돌해 들러붙은 상황을 생각해보자. 일산화탄소는 활성 분자로서 다음과 같은 반응을 쉽게 일으킬 수 있다.

$$3H_2 + CO \longrightarrow CH_4 + H_2O$$

즉 수소 분자 3개와 일산화탄소 1개가 반응해 메탄 분자와 물 분자 1개씩을 만드는 것이다. 지구상에 존재하는 물 분자는 대부분 이 과정을 통해 만들어진다. 우리가 오늘 아침 마신 한 잔의 물이 존재하기 위해 성간먼지가 핵심적인 역할을 했다는 의미다.

산딸기 향이 나는 우주

여기에서 끝이 아니다. 성간먼지가 방출하는 적외선을 스펙트럼으로 관찰하면 별 형성 영역의 성간먼지 위에 물, 일산화탄소, 이산화탄소, 암모니아, 메탄, 메탄올 등 다양한 분자로 구성된 '얼음'층이 존재함을 확인할 수 있다. 이를 성간얼음이라 부른다. 그리고 비교적 온도가 낮은 별 형성 지역의 외각에서 성간얼음으로 둘러싸인 먼지들이 뭉쳐지면, 우리가 잘 아는 '혜성'이 된다. 혜성은 곧 거대한 얼음바위인 셈이다.

재미있게도 성간얼음에 존재하는 분자들은 수소, 탄소, 질소, 산소와 같은 유기분자의 기본 재료들을 포함하고 있다. 1953년 미국의 화학자 해럴드 유리Harold Urey와 스탠리 밀러Stanley Miller는 실험을 통해 원시 지구의 대기를 구성했으리라고 추측되는 수소 분자, 메탄, 물, 암모니아로부터 아미노산과 같은 유기분자가 합성될 수 있음을 보였다. 유리-밀러 실험에 사용된 재료들은 모두 성간얼음에도 포함되어 있다. 화학반응을 촉진시킬 수 있는 에너지만 충분히 공급된다면 성간얼음에서도 유기물이 쉽게 합성될 수 있다는 뜻이다!

성간얼음에서 유기분자가 합성될 수 있도록 에너지를 공급해주는 것은 역시 별이다. 일단 성간구름 중심부에서 별이 탄생하면, 별에서 방출되는 자외선이 그 주변에 있던 성간얼음에 도달해 얼음 내부의 분자들을 자극할 것이고 화학반응이 발생할 것이다. 다양한 실험과 천문학적인 관찰은 이런 과정을 통해 많은 양의 복합 유기분자가 합성될

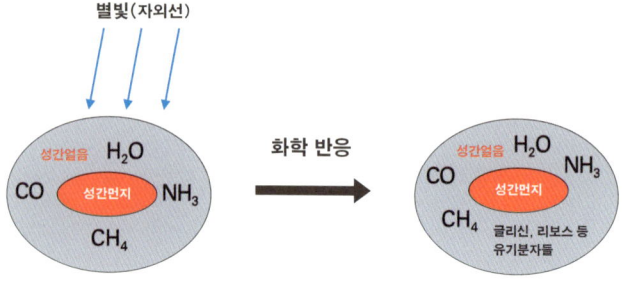

다양한 분자로 구성된 성간먼지 위 성간얼음

수 있음을 보여주고 있다.

예를 들어 1969년 호주의 작은 마을 머치슨Murchison에 떨어진 거대 운석에서는 무려 74종의 아미노산이 발견되었다. 그중 6종은 지구 생명체의 단백질에도 포함되어 있는 것이었다. 또한 유럽우주기구의 로제타 탐사선은 2014년 추류모프-게라시멘코Churyumov-Gerasimenko 혜성에 착륙해 표면 물질을 분석했고 아미노산의 하나인 글리신의 존재를 확인한 바 있다. 소행성과 혜성 모두 성간얼음과 성간먼지가 뭉쳐서 형성된 것인 만큼, 이 발견들은 성간먼지 표면에서 발생하는 화학반응이 실제로 복합 유기분자를 생성해낼 수 있음을 암시한다.

전파망원경을 통해 별 형성 영역을 관찰하는 경우에도 다양한 유기분자의 존재가 확인되곤 한다. 예를 들어 2012년 덴마크의 전파천문학자들은 알마 간섭계를 사용해 태양 정도 크기의 새로운 별 형성 영역에서 당sugar의 하나인 글리콜알데하이드glycolaldehyde를 발견하기도 했다. 이 당 분자는 RNA의 합성을 위한 중요한 재료가 될 수 있는 만큼 생명의 기원을 이해하는 데 중요한 역할을 한다.

또 다른 재미있는 사례로는 독일 본에 소재한 막스플랑크연구소의 전파천문학자들이 우리 은하 중심부에 있는 성간구름에서 산딸기의 향을 내는 유기분자를 발견한 것이다. 최근에는 한국에서도 경희대학교 우주과학과 이정은 교수팀이 알마 간섭계를 이용해 'V883 Ori'라 불리는 아기 별 주변에서 다량의 아세톤, 에세토니트릴acetonitrile, 아세트알데하이드acetaldehyde, 메틸포메이드methyl formate를 발견하며 이 분자들이 성간얼음에서 생성된다는 강력한 증거를 얻어내기도 했다. 관련 논문「폭발하고 있는 태아 별 V883 Ori 주위를 돌고 있는 원시행성계 원반에서 얼음 분자 조성The Ice Composition in the Disk around V883 Ori Revealed by Its Stellar Outburst」은《네이처 애스트로노미》에 게재됐다.

우리가 우주여행을 하면서 성간구름의 맛을 본다면 어떤 맛이 느껴질까? 아마 산딸기 향을 내는 달달한 디저트와 같을 것이다. 물론 암모니아와 메탄올이 내뿜는 악취를 걸러내야 하는 번거로움이 따르겠지만.

이제까지 언급된 유기분자들은 상대적으로 간단한 형태이기에 성간물질에 포함된 양도 제법 많은 편이다. 더욱 복잡한 형태의 유기분자는 상대적으로 그 양이 적으리라 예측되고 우주 공간에서 직접적으로 검출하는 것 또한 한계가 있다. 하지만 여러 가지 연구들은 얼마든지 더 복잡한 유기분자의 형성이 가능함을 보여준다.

실제로 2016년 프랑스 니스 소피아 앙티폴리스대학 연구팀은 우주 공간의 성간얼음을 실험실에서 재현했고 자외선에 노출해 어떤 분자들이 생성되는지 여부를 분석했다. 말하자면 별 형성 영역에서 발생하는 성간얼음의 화학반응을 실험실에서 시뮬레이션 한 것이다. 놀랍게도 그들은 여기에서 RNA의 기본 단위의 하나인 리보오스Ribose를 발견한다. 생물학계에서는 지구상에서 생겨난 최초의 자기 복제자가 RNA라는 가설이 힘을 얻고 있는 상황에서, 이 발견은 생명의 기원을 설명하는 데 우주 공간에서 발생하는 화학반응이 중요할 수도 있음을 암시한다.

우주에서 떨어진 생명의 씨앗

지금까지 설명한 우주에서의 화학반응은 생명의 기원과 관련해 중요한 암시를 던지고 있다. 겉보기에는 척박한 암흑의 공간인 우주가 알고 보니 죽음의 공간이 아니라 유기물이 가득한 생명 친화적 공간이었던 것이다. 성간얼음들과 성간먼지들은 별 형성 과정에서 서로 뭉쳐 소행성과 혜성이 된다. 혜성에는 태양계가 형성되던 시점에 성간얼음에서 합성된 다양한 분자들이 포함되어 있고, 그 안에는 많은 물 분자와 유기분자들이 존재한다.

태양계의 최외각부인 명왕성 바깥쪽에 있는 천체 집단 영역인 카이퍼 벨트Kuiper belt와 그 외각을 둘러싸고 있는 오르트 구름Oort cloud에는 행성으로 성장하지 못한 수많은 소행성과 혜성들이 존재하고 있다. 이 중 오르트 구름에 있는 혜성의 개수는 추정되는 것만 해도 1조 개에 이른다.

이런 혜성들이 어느 순간 태양 근처로 다가와 지구와 충돌했다면 혜성에 있던 물 분자를 비롯한 다양한 유기분자들이 지구로 공급되었을 것이라 추측할 수 있다. 즉 생명

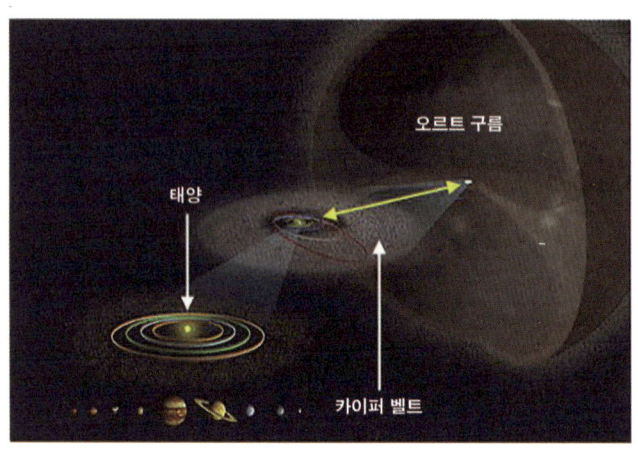

명왕성의 외곽에 위치한 카이퍼 벨트와 태양계를 둘러싸고 있는 오르트 구름

의 씨앗 역할을 하는 분자들이 이미 우주 공간에서 합성되어 초기 지구 단계에서 외부로부터 유입되었다는 말이다.

실제로 이 가설은 점점 더 많은 설득력을 얻고 있다. 적어도 지구상에 존재하는 물이 지구와 충돌한 소행성과 혜성으로부터 왔다는 사실은 명확해 보인다. 지구가 형성된 직후의 온도는 너무나 높았기에 초기 지구는 수증기를 표면에 붙잡아둘 수 있는 환경이 아니었다. 지질학적인 증거 또한 지구가 형성된 이후 약 8억 년 동안 지구와 소행성 및 혜성 간의 충돌이 매우 격렬했음을 보여주고 있다. 액체 상태의 물이 지구에 존재하기 시작한 것 역시 지구가 태어난 지 약 7~8억 년 이후였다.

그렇다면 소행성과 혜성에 담겨 있던 각종 복합 유기분자들 중 상당히 많은 양이 물과 함께 우주에서 지구 표면으로 유입되었으리라는 가정은 충분히 합리적이다. 하늘에서 만나가 떨어지듯, 젊은 지구의 하늘에서는 생명의 씨앗이 떨어지고 있었다.

외계 생명체의 존재를
믿는 합리적 이유

페르미의 역설

태양계는 우주에서 특별한 공간이 아니다. 생명과 행성을 구성하는 원소들은 우주 어디에나 존재하며 물 분자와 각종 다양한 유기분자 역시 별 주변에 흔히 존재한다. 별이 새롭게 탄생하는 과정에서 성간먼지 표면에서 물과 유기분자 등이 합성되는 것, 그리고 별 주변의 강착원반에서 성간먼지의 충돌을 통해 지구와 같은 행성이 탄생하며 행성과 소행성 및 혜성의 충돌을 통해 행성 표면에 물과 각종 유기분자들 전달되는 일은 태양계뿐만 아니라 별이 형성되는 곳이면 어디든지 보편적으로 일어날 수 있는 일이다. 별은 이처럼 생명을 위한 조건을 마련해준다.

저 하늘에 빛나는 별을 보며 그 주변에 생명이 존재할 것이라 기대하는 것은 더 이상 SF의 영역이 아니다. 외계 생명은 현대 천문학의 가장 큰 주제로 떠오르고 있다.

물론 모든 별 주변이 생명에 적합한 장소는 아니다. 질량이 태양보다 훨씬 더 큰 별들은 생명의 탄생과 진화를 위한 충분한 시간을 줄 수 없다. 태양은 태어나서 죽을 때까지 약 100억 년이라는 긴 시간을 살아갈 수 있지만, 질량이 큰 별일수록 수소 핵융합반응을 통해 살아갈 수 있는 시간이 점점 더 짧아진다.

태양계가 형성된 이후 생명이 등장하기까지 적어도 약 10억 년의 시간이 필요했다. 인간이 등장하기까지는 그 이후로도 약 30억 년의 시간을 더 기다려야 했다. 다행히 태양은 앞으로도 약 50억 년 동안 지금처럼 수소 핵융합반응을 통해 안정적으로 밝게 빛나며 생명에 필요한 에너지를 공급해줄 것이다.

하지만 별의 질량이 태양보다 두 배만 무거워도 그 별은 14억 년밖에 살 수 없다. 그런 별 주변의 행성에서는 박테리아 같은 미생물은 존재할 수는 있을지 몰라도 지구에서처럼 생명의 진화를 통해 고등 생명이 등장할 정도의 시간은 허용되지 않을 것이다. 만약 질량이 태양의 10배라면 이마저도 1000만 년으로 줄어든다. 이 경우에는 박테리아와 같은 미생물의 등장조차 기대하기 힘들다.

다행히 우리 우주에는 태양 정도, 혹은 그 이하의 질량을 가진 별들이 무거운 별들보다 훨씬 더 많다. 태양과 유사한 질량의 별만 해도 우리 은하에는 수백억 개에 달한다. 태양보다 가벼운 별을 포함하면 1000억 개의 단위가 될 것이다.

이탈리아의 물리학자 엔리코 페르미Enrico Fermi는 이로부터 다음과 같은 질문을 던졌다. 우리 은하에 외계 행성계가 수천억 개가 있고, 그 중 일부에는 지적 생명체가 있다면, 왜 우리는 외계 문명의 증거를 아직 찾지 못했을까? 이 질문은 흔히 '페르미의 역설'이라 불린다.

이 질문에 수학적으로 답하기 위해 미국의 천문학자 프랭크 드레이크Frank Drake는 인간과 교신 가능한 지적 외계 생명체의 수를 계산하는 방정식을 제안한다.

$$N = R_* \times f_p \times n_e \times f_l \times f_i \times f_c \times L$$

드레이크 방정식이라 불리는 이 방정식에서 'N'은 우리 은하 내에 존재하는 고도의 과학기술 문명을 성취한 외계 문명의 개수를 의미한다. 여기에서 고도의 과학기술 문명이란 외계 행성계와 통신을 시도할 수 있거나 혹은 항성 간 여행이 가능한 수준을 뜻한다. 'R_*'은 태양과 비슷하거나 태양보다 질량이 적은 별들의 탄생률, 'f_p'는 행성을 가지고 있는 별들의 비율로, 행성이 없다면 문명체가 존재할 수 없으니 필수적인 조건이라 할 수 있다.

'n_e'는 한 행성계당 거주 가능 지역habitable zone에 존재하는 행성의 평균 개수를 의미한다. 거주 가능 지역이란 행성이 별에서 너무 가깝거나 멀지 않아 물이 액체 상태로 존재할 수 있는 영역을 뜻한다. 'f_l'은 거주 가능 지역에 있는 행성들 중 생명이 존재하는 것의 비율, 'f_i'는 생명이 발생한 행성 중에서 지적 생명체가 나타날 비율을 말한다. 'f_c'는 지적 생명체가 고도의 과학기술 문명을 가지고 있을 비율, 'L'은 그런 과학기술 문명을 지속할 수 있는 기간을 의미한다.

이 중 가장 중요한 조건은 마지막, 과학기술 문명을 지속할 수 있는 기간이다. 제아무리 다른 값들이 높다 하더라도 과학기술 문명을 지속할 수 있는 시간이 매우 짧다면, N은 0에 수렴하기 때문이다.

현재 드레이크 방정식의 답은 없다. 별의 탄생률, 행성을 가지고 있는 별들의 비율, 거주 가능 지역에 존재하는 행성의 평균 개수에 관해서는 천문학자들의 관측을 통해 파악 가능하다. 반면 거주 가능 지역의 행성에서 생명이 발생할 확률 그리고 생명이 존재하는 행성에서 지적 생명체가 등장할 수 있는 확률 등에 관해서는 아직 유의미한 값을 유추하기가 매우 어렵다. 그럼에도 이 방정식이 중요한 이유는 외계 생명체 탐사에서 과학자들이 고려해야 하는 다양한 개념을 제시했다는 데 있다.

지구는 특별한가

행성계에서 거주 가능 지역이란 중심의 별에서 지나치게 멀지도 않고 지나치게 가깝지도 않아서 물이 액체 상태로 존재할 수 있는 거리를 말한다. 거주 가능 지역은 골디락스 존goldilocks zone이라고 불리기도 하는데, 이는 영국의 전래동화 『골디락스와 곰 세 마리Goldilocks and the Three Bears』에서 유래한 용어다. 이 동화에는 어린 소녀 골디락스가 아빠 곰, 엄마 곰, 아기 곰이 사는 집에 들어가 너무 뜨거운 아빠 곰의 스프나 너무 차가운 엄마 곰의 스프를 먹지 않고 온도가 적당한 아기 곰의 스프를 먹었다는 이야기가 나온다. 이 개념이 중요한 이유는 물이 수증기나 얼음으로 되어 있는 행성에서는 생명의 자발적 탄생을 기대하기 어렵기 때문이다.

수성처럼 태양에서 지나치게 가까우면 대기에 있는 분자들이 액체 상태로 존재하지 못하고 뜨겁게 가열되어 모두 증발되고, 물 분자도 모두 우주 공간으로 날아가버린다. 따라서 별에 지나치게 가까우면 수성처럼 그냥 암석만 존재하는, 생명을 기대할 수 없는 지옥의 공간이 될 것이다. 반면 별에서 지나치게 멀어도 물이 모두 얼어 고체가 되므로 생명이 탄생하기에 적합하지 않을 것이다.

우리가 살고 있는 태양계에서 골디락스 존에 존재하는 행성은 금성, 지구, 화성이다. 특히 그중에서도 지구는 태양계에서 가장 좋은 위치에 있다. 화성의 경우 지금은 액체 상태의 물이 거의 다 사라졌지만 수십억 년 전에는 훨씬 더 쾌적한 환경을 갖추고 있었다. 금성은 골디락스 존의 안쪽 경계에 걸쳐져 있고 매우 강한 온실효과로 대기의 온도가 400~500도에 달하기에 적어도 지금은 생명에 적합한 곳으로 보이지는 않는다.

이런 골디락스 존의 위치는 별과 행성의 질량에 따라 달라진다. 별의 질량이 커질수록 별에서 방출되는 에너지가 많기에 상대적으로 별에서 더 멀리 떨어진 곳에 골디락스 존이 있다. 또한 행성의 질량이 커질수록 표면 중력과 대기의 압력이 더 강해지면서 물 분자를 액체 상태로 가두기에 더 유리한 조건을 제공할 수 있는 만큼 골디락스 존의 범위도 그에 따라 더 바깥쪽으로 확장된다.

골디락스 존은 생명의 탄생을 위한 여러 조건의 하나일 뿐이다. 물이 액체 상태로 존재할 수 있는 다른 방식도 있을 수 있다. 예를 들어 목성의 위성인 유로파Europa의 경우 표면은 얼음으로 둘러싸여 있지만 그 밑에는 두께가 무려 100킬로미터에 달하는 액체 상태의 바다가 존재하고 있다. 목성은 골디락스 존의 바깥에 있지만 목성과의 조석 작용을 통해 생성된 유로파의 지열이 물을 따뜻하게 유지해주고 있다.

최근에는 유로파에서 화산 활동으로 얼음 표면을 뚫고 수증기가 분출된 것을 관찰하기도 했다. 복합 유기물의 합성을 위해 필요한 에너지가 충분히 유로파 해저에 공급되고 있음을 보여주는 사례인 만큼 미생물 형태의 생명을 기대하게 한다. 하지만 이곳의 에너지원은 조석에 의한 지각의 마찰이고 이는 수많은 지진과 화산을 동반하기에 태양에너지처럼 안정적이지 못하다. 때문에 지구에서처럼 지적 생명체를 기대하기에는 한계가 있다.

과연 지구는 우주에서 얼마나 특별한 곳일까? 이 질문에 답하는 첫 번째 단계는 골디락스 존에 있는 행성이 우주에 얼마나 많은지를 알아내는 것이다.

외계 행성을 찾아서

태양계에서 그다지 멀리 떨어지지 않은 곳에 살고 있는 외계인이 우리 태양을 오랜 기간에 걸쳐 꾸준히 관찰한다고 생각해보자. 이 외계인은 시차 측정을 통해 태양까지의 거리를 구했을 것이고 이를 통해 태양의 절대 밝기도 알아냈을 것이다. 별의 밝기는 질량이 커질수록 밝아진다는 사실을 이용해 태양의 질량도 쉽게 구했을 것이다.

또한 태양의 밝기가 주기적으로 변한다는 사실도 발견할 것이다. 예를 들어 지구가 태양을 가리는 경우가 있을 것이고 태양의 빛은 그만큼 어두워지기 때문이다. 말하자면 지구 때문에 식^{eclipse}이 발생하는 것이다.

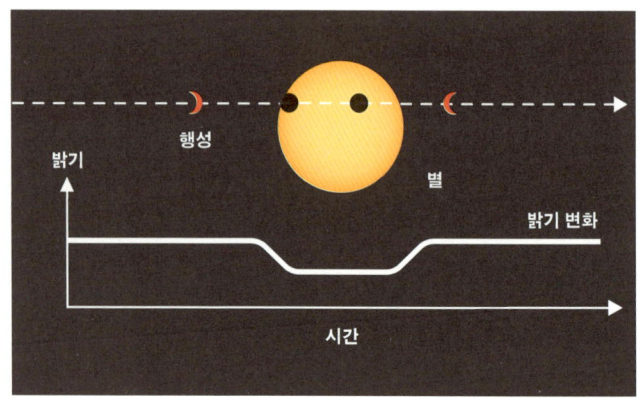

행성이 별을 가릴 때 발생하는 별빛의 변화

목성의 단면적은 지구의 100배인 만큼 목성이 태양을 가릴 경우에는 태양의 밝기 변화는 더 클 것이다. 이런 밝기 변화는 지구나 목성의 공전에 따른 것이므로 규칙적으로 발생할 것이다. 지구 때문에 살짝 어두워지는 경우는 1년에 한 번, 목성 때문에 비교적 많이 어두워지는 경우는 12년에 한 번 일어나는 것이다. 외계인은 이 정보로부터 중력 법칙을 이용해 각 행성의 질량을 쉽게 계산할 수 있을 것이다. 이처럼 우리는 별 주변의 행성이 야기하는 밝기 변화와 그 변화 주기 분석을 통해 태양으로부터의 행성의 위치와 크기 및 질량을 유추해낼 수 있다.

외계 행성을 찾는 방법은 식 현상을 이용하는 것 외에도 다양하다. 한국천문연구원에서는 남아메리카의 칠레, 아프리카의 남아프리카공화국, 오세아니아의 호주에 각각 구경이 1.6미터인 광시야 망원경을 설치해 24시간 천체를 관측하는 시스템을 구현해 외계 행성을 탐색하고 있다. 해가 뜨지 않는 망원경인 셈이다. 이 시스템은 KMTNet[Korea Microlensing Telescope Network]이라 불린다. 미국 나사에서는 외계 행성계를 찾는 데 특화된 미션인 케플러 우주망원경을 2009년부터 2018년까지 가동해 4000여 개의 외계 행성을 찾아내기도 했다.

이 중에서 현재까지 발견된 행성 중에 거주 가능 지역에 있는 행성은 50여 개다. 앞서 언급했듯이 태양계에서 가장 가까운 행성은 프록시마 센타우리로 4.26광년 떨어져 있다. 지구에서 990광년 떨어져 있는 외계 행성계 케플러 62[Kepler-62]에는 지구형 행성이 5개나 존재하고, 그중 2개가 거주 가능 지역에 있다.

현재까지 이루어진 외계 행성계의 탐사는 은하 전체가 아니라 지구에서 비교적 가까운 별들을 위주로 제한된 영역에서만 수행되었다. 그러나 표본 집단이 잘 선정된 여론 조사의 경우 통계분석을 통해 유의미한 결과를 도출해낼 수 있듯이, 지금까지 발견된 외계 행성의 샘플로부터 우리 은하 전체의 골디락스 존에 있는 지구형 행성의 수 또한 추정할 수 있다.

최근 결과에 따르면 우리 은하에만 적어도 100억 개 이상, 최대 400억 개의 지구형 행성이 존재한다. 우리 은하와 유사한 은하들이 우주에 약 2조 개가 존재하고 있으니 우주 전체에는 무려 10^{22}개가 넘는 지구형 행성이 존재하는 것이다.

현재 지구에는 약 78억 명의 인구가 있다. 만약 100억 분의 1의 확률로 발생하는 사건이 있다면 현재 살고 있는 사람 중 거의 아무도 경험하지 못한 일일 것이다. 우리는 이처럼 불가능에 가까운 일을 기적이라 부른다. 인간의 존재도 이런 기적일까? 만약 골디락스 존 행성에서 인간과 같은 고등 지능을 지닌 생명체가 등장할 확률이 100억 분의 1이라면, 지구의 관점에서 이는 100억 분의 1의 극히 희박한 확률이 실현된 것이다. 기적이라 부를 만하다.

하지만 전 우주적 관점에서 바라볼 때 이는 더 이상 기적이 아니다. 우주에 10^{22}개가 넘는 골디락스 존 행성이 있다면 그중에 1조 개가 넘는 곳에서 인간과 같은 지적 생명체를 기대할 수 있다는 의미이기 때문이다. 이 경우 지적 생명체의 존재는 오히려 우주적 필연이다. 이처럼 우주는 기적을 평범함으로 바꿔놓을 수 있을 만큼 광대하다. 우주에 관해 점점 더 잘 이해할수록 우리는 혼자가 아닐 것이라는 기대를 품게 된다.

연약한 인간, 강인한 생명

이제 생명이 무엇인지 좀 더 생각해보자. 우리는 여전히 생명의 기원에 관해 아는 바가 많지 않다. 생명이 무엇인지 정의하는 것조차 생각처럼 단순하지 않다. 흔히 생명의 필수 요건으로 꼽는 자기 복제 능력으로 따지면 당나귀와 말의 교배로 태어난 노새는 생명체로 분류할 수 없다. 노새는 번식능력이 없기 때문이다. 하지만 멀쩡히 살아서 움직이는 노새를 생명이 아니라고 주장한다면 이에 동의할 사람은 아무도 없을 것이다.

현재로서는 생명의 다양한 현상을 모두 포괄할 수 있는 정의는 내리기 어려워 보인다. 다만 일반적으로 생명에서 발견되는 몇몇 특징을 이야기할 수 있을 뿐이다. 자기 복제 능력 외에 대표적인 것으로는 신진대사 능력과 환경에 대한 적응력을 꼽을 수 있다.

생명은 신진대사, 즉 에너지 순환을 한다. 외부에서 에너지를 공급받고 이를 활용할 수 있는 능력을 가지고 있다. 또한 생명은 환경에 적응할 줄 안다. 다른 식으로 표현한다면 생명은 진화한다. 생명이 생존하기 위해서는 변화할 수 있는 능력이 무엇보다 중요하다. 지구라는 환경은 고정된 것이 아니기 때문이다. 46억 년 전의 지구와 현재의 지구 환경은 완전히 다르다. 지금도 지구는 끊임없이 변화하고 있다.

지난 100년이라는 짧은 시간에 지구 대기의 평균 온도는 1도 가까이 올랐다. 어느 순간 다시 빙하기가 오거나, 거대한 혜성이 지구와 충돌해서 갑자기 지구 대기가 먼지들로 둘러싸이는 등의 급격한 변화가 생길 수도 있다. 놀라운 사실은 이런 급격한 변화에도 생명은 꾸준히 생존해왔다는 것이다.

약 6500만 년 전 혜성과 지구의 충돌은 공룡을 멸종으로 이끌었지만 전 지구적 관점으로 볼 때 생명은 여전히 새로운 환경에 적응하며 살아갈 수 있는 길을 찾았고 포유류가 번성하는 계기가 되었다. 이처럼 자신을 적응시키며 생존할 수 있는 능력은 생명의 위대한 특성이다. 이런 생존 능력은 결국 생명의 진화를 이끌어낸다.

진화할 수 없는 것은 생명이 아니다. 생명이라는 현상을 태초부터 미리 정해진 '원형'을 통해 이해하려는 시도는 무의미하다. 고정된 질서는 생명에게 죽음을 뜻할 뿐이다.

여기에서 자연스럽게 이런 질문이 생긴다. 과연 생명은 어느 정도의 극한 환경에서까지 적응이 가능할까? 과학기술 문명에 의존하지 않는다면 인간은 산소가 없거나 온도가 100도인 환경에서 영구적으로 생존할 수 없다. 인간은 그만큼 연약하다. 그래서 우리는 종종 '생명은 연약하다'라는 편견에 사로잡히곤 한다.

하지만 미생물의 세계에서는 결코 그렇지 않다. 초기 지구의 환경은 지금보다 훨씬 더 열악하고 그 변화도 심했다. 그럼에도 지구에는 생명이 출현했고 번성했다. 생명은 결코 연약하지 않다.

지구 밖의 생명체와
만날 준비가 되었는가

극한 생물의 생존력

한 연구에 따르면 생명체에 존재하는 탄소의 무게는 총 5500억 톤이고 그중 4500억 톤은 식물에 포함되어 있다. 박테리아에 700억 톤, 균류에는 120억 톤, 고세균류에 70억 톤, 원생생물에 40억 톤의 탄소가 있고 동물 전체는 2억 톤, 그리고 인간에게는 고작 6000만 톤의 탄소가 있을 뿐이다. 식물을 제외한다면, 지구를 지배하는 것은 우리 인간이 아니라 미생물들인 셈이다.

미생물들의 생존력은 상상을 초월한다. 웬만한 균들은 끓는 물로 소독이 가능하지만 고세균의 일종인 호열균^{thermophile}은 55도의 온도에서 최적으로 생육하며 120도의 고온에서도 생존할 수 있다. 강한 산성인 pH 1~5에서도 서식하는 호산균acidophile, 영하 12도에서도 성장과 번식이 가능한 호냉균psychrophile 등도 극한의 환경에서 생존하는 미생물들의 대표적인 예다. 호압균barophile은 지표면의 1000배가 넘는 압력을 받는 해저 10킬로미터 속에서도 생존한다.

우주생물학의 관점에서 특히 흥미로운 것은 바위 안에 서식하는 미생물인 암석균endolith이다. 한 예로 지옥의 간균bacillus infernus이라 불리는 미생물은 지하 2.7킬로미터 정도에 서식하며, 진공 상태에서나 막대한 방사능에 노출되어도 살아남을 수 있고 철과 이산화망간으로 대사 작용을 한다. 우리가 생명에 필수적이라고 생각하는 태양 빛 없이도 생존하는 생물이 있다는 의미다. 만일 그렇다면 화성이나 금성의 지하에도 비슷한 균들이 득실거리고 있지 않을까? 목성의 위성인 유로파, 토성의 위성인 엔셀라두스Enceladus 등의 지하에도 이런 미생물들이 서식하지 말란 법이 없다.

이처럼 생존력이 강한 미생물들은 심지어 소행성이나 운석 안에서도 생존할 수 있을 것이다. 아마 운석 내부의 온도가 너무 낮아 번식은 불가능할지라도, 수년 간의 행성간 여행 동안 죽지 않고 살아남아 화성에서 지구로, 혹은 지구에서 화성으로 이주가 가능할 수도 있다.

실제로 지구에는 화성에서 날아온 운석들이 종종 발견된다. 화성 표면과 다른 소행성이 충돌할 때 받은 충격에 의해 튕겨져 나온 화성의 암석이 지구에까지 도달한 것들이다. 이런 화성의 운석에서 생명의 흔적을 찾는 노력이 여러 학자에 의해 활발히 진행 중이다. 지구의 생명은 원래 화성에서 유래했다는 몇몇 학자들의 주장도 현재로서는 배제할 수 없는 가설이다.

극한의 환경에서 생존할 수 있는 것은 고세균과 같은 미생물뿐만이 아니다. 완보동물tardigrades, 혹은 물곰waterbear이라 불리는 동물군은 길이가 약 0.2밀리미터에 불과하지만 성별도 있고, 발톱 달린 다리, 뇌, 소화계, 신경계까지 갖추고 있다. 이들은 영하 180도, 혹은 영상 130도에서도 원칙적으로는 생존이 가능하다. 진공에서부터 수천 기압의 고압에 이르기까지 살아남는다. 방사능 또한 인간이 견딜 수 있는 수준의 1000배까지 견뎌냈다는 기록도 있다.

단, 이렇게 극한의 상황에서는 번식을 할 수는 없기에 수십 년 동안 휴면 상태에 들어갔다가 정상적인 환경에서 다시 깨어나는 방식으로 생존한다. 완보동물이 소행성 안에 들어가 화성까지 여행하는 것도 불가능한 일은 아니다.

인간과 같은 고등 생물이 아닌 미생물의 경우는 지구처럼 안락한 환경이 굳이 필요하지 않다. 화성의 지하 암반에서도, 유로파처럼 활발한 지각 활동이 발생하는 목성이나 토성 주변의 위성들에서도 미생물들은 충분히 생존하고 번식할 수 있을 것이다. 지구만이 이 우주에서 유일한 생명의 서식처라는 생각을 견지하는 천문학자는 거의 없다.

생명은 어쩌면 우리가 생각하는 것보다 훨씬 더 우주적인 현상일 수도 있다. 골디락스 존에 있는 지구형 행성에서 생명이 탄생할 확률이 설사 100퍼센트는 아닐지라도, 수 퍼센트 이상 혹은 심지어 수십 퍼센트에 달한다 할지라도 나는 놀라지 않을 것이다. 생명은 강하기 때문이다.

진화와 관련된 수많은 오해

미생물이 우주 도처에 있다면, 생명의 진화 과정 역시 우주 도처에서 발생할 것이다. 진화는 생명의 보편적 특성 중 하나이기 때문이다. 그렇다면 인류처럼 고등 문명을 성취한 지적 생명체 역시 우주 어딘가에 존재할 것이라 기대하는 것은 결코 비합리적인 판타지가 아니다.

'자연선택'이라는 진화의 기본 매커니즘은 주변 환경에 잘 적응하는 개체가 생존에 유리하다는 단순한 원리지만 그 결과로 나타난 생명의 종류는 경이롭다 못해 숨이 막힐 정도로 다양하다. 생명의 자기 복제가 설계 도면에 따라 공장에서 찍어내듯 완벽했다면 모든 생물은 변화하는 지구환경에 적응하지 못하고 이미 오래전에 멸종했을 것이다. 변이와 그에 따른 다양성은 진화에서 핵심적인 역할을 한다.

그렇다고 생명이 무질서한 카오스적 현상이라는 의미는 결코 아니다. 다양성의 이면에서 우리는 나름 보편적인 질서를 찾을 수 있다. 예를 들어 비교적 고등한 생명체를 생각해보자. 잉어, 까치, 도마뱀, 악어, 개구리, 문어, 고양이, 그리고 사람. 이들은 서로 매우 달라 보이지만, 예외 없이 모두 눈이 두 개다. 이것이 우연일까?

진화와 관련한 수많은 오해 중의 하나는, 생명의 진화가 무작위적이라는 것이다. 예를 들면 이런 것이다. 단백질의 기본 단위인 아미노산의 종류는 생명체에서 20가지가 발견된다. 만일 단순한 세포 하나가 100개의 아미노산으로 구성되어 있다고 가정해보자. 그렇다면 20개의 아미노산이 다양한 방식으로 조합해 하나의 세포를 만들 수 있는 경우의 수는 무려 2^{1000}에 달한다! 이는 무한에 가까운 숫자다. 이런 단순한 논리로부터 생명의 가능성은 원숭이가 무작위로 키보드를 눌렀을 때 셰익스피어의 소설이 써졌을 확률만큼 불가능에 가깝다는 비유를 들기도 한다. 결국 초자연적인 신의 창조 없이는 생명을 설명할 수 없다는 결론으로 이어진다.

하지만 이 논리에는 맹점이 있다. 무엇이 잘못된 것일까? 결론부터 말하면 진화는 무작위적이지 않다. 모든 경우의 수가 다 생명에 유용한 것은 아니라는 뜻이다. 예를 들면 '철수, 가, 학교, 간다, 에, 오늘, 뛰어서'라는 단어로 조합할 수 있는 경우의 수는 여럿이다. 하지만 언어는 '의사소통'이라는 자신의 역할을 가지고 있고 이를 위해 문법이 존재한다. 화자가 하고 싶은 말은 '오늘 철수가 학교에 뛰어서 간다'인데, 문법 파괴 실험의 일환으로 '학교 가 뛰어서 철수 에 간다 오늘'이라고 말해보면 어떨까?

이 문장은 의사소통이라는 기본적인 언어의 역할을 수행하기에는 큰 결함이 있다. 철수가 뛰는 것이 아니라 학교가 뛴다는 것처럼 들리기 때문이다. 오늘날 한국에서 출판된 서적에서 이런 황당한 문장은 찾을 수 없을 것이다. 본연의 기능을 제대로 수행하지 못하는 문장은 문법에 따라 자연스럽게 걸러지기 때문이다.

마찬가지로, 진화의 과정에서 수많은 아미노산의 조합, 혹은 그 외 다양한 형태의 생체 기관들은 생존을 위해 전혀 유용하지 않거나 오히려 생존을 위협하기에 자연스럽게 걸러진다. 즉 생명에도 '문법'이 있는 것이다. 문법이 부여될 경우 다양한 조합의 방식은 제한을 받기 시작하며 경우의 수는 급격히 줄어든다.

여기에 더해 시대적 배경, 문화, 논리, 맥락이라는 요소까지 더해진다면 문장이 성립할 경우의 수는 더욱 급격히 줄어들 것이다. 생명의 진화 역시 다르지 않다. 생명이라는 현상은 결코 무작위적이지 않으며 일정한 물리법칙과 환경의 제한을 받는다.

다시 '눈'을 생각해보자. 지구의 여러 다양한 생물이 '두 개'의 눈을 갖고 있다는 사실은 그저 무작위적인 우연일까? 아닐 것이다. 눈이 하나라면 가깝고 먼 것을 인지할 수 있는 원근감을 가질 수 없기에 생존에 불리하다. 눈이 세 개라면? 고등 생명체는 5퍼센트에서 15퍼센트에 달하는

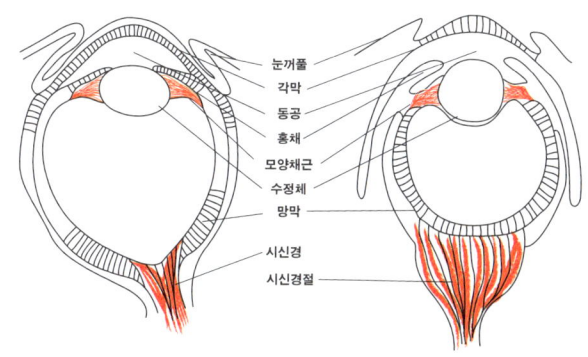

인간(왼쪽)과 문어(오른쪽)의 눈

생체에너지를 시각 정보처리에 사용할 만큼, 눈을 통해 처리하는 정보의 양은 엄청나다. 눈이 두 개라도 충분히 생존에 필요한 정보를 얻을 수 있는데, 굳이 더 많은 눈을 달고 다니면서 많은 에너지를 소모할 만한 사치를 부릴 여유가 생명에게는 없었을 것이다. 둘은 최소의 에너지로 최대의 효과를 얻을 수 있는 최적화된 눈의 개수인 셈이다.

눈과 관련해 더욱 놀라운 사실이 또 있다. 인간과 문어의 눈을 비교해보면 세부적인 차이는 있지만, 오목한 망막, 렌즈, 렌즈를 보호하는 눈꺼풀 등의 기본적 구조가 같다. 인간과 문어의 공통 조상이 유사한 눈을 갖고 있었기 때문일까? 그렇지 않다! 둘의 공통 조상은 이렇게 복잡한 눈을 갖고 있지 못했던 단순한 벌레 같은 생물이었다. 그 이후의 진화는 서로 독립적으로 이루어졌고, 인간과 문어의 눈은 독립적으로 형성되었다.

그렇다면 왜 둘의 눈이 유사할까? 렌즈는 빛을 한곳에 모아주기에 눈의 크기가 작아도 효율적으로 사물을 인식할 수 있도록 도와준다. 망막이 평편하지 않고 오목하다는 사실 역시 우연이 아니다. 망막이 평편했다면 우리는 특정 빛이 어느 방향에서 오는지 방향감을 갖기 매우 어려웠을 것이다. 인간과 문어의 눈이 유사하다는 점은 생명이 선택할 수 있는 수많은 가능성 중에 현재와 같은 형태의 눈이 가장 시각 정보를 처리하는 데 최적화된 방식임을 암시한다.

서로 독립적으로 진화했음에도 비슷한 형태의 기관이나 기능을 갖게 되는 생명의 현상을 흔히 '수렴진화'라고 한다. 수렴진화의 다른 예로는 물고기와 돌고래의 외형을 들 수 있다. 돌고래의 조상은 9500만 년 전에는 육상에서 생활하던 평범한 네발 달린 털북숭이의 포유류 동물이었다.

그러나 먹이를 찾아 바다 근처에 살며 적응하는 과정을 통해 점점 물고기 모양의 후손이 번성하기 시작한다. 따뜻한 바닷속에서 불필요한 털 대신 매끈한 피부를 갖게 되었고 물고기처럼 물속에서 빠르게 이동하는 데 유리한 곡률 형태의 몸과 지느러미 또한 갖추게 되었다. 외형만으로 놓고 본다면 돌고래는 포유류보다는 어류인 물고기를 닮았다. 심지어 이런 돌고래의 외형은 유체 저항이 최소화된 방식으로 설계된 비행기의 모습과도 닮았다.

수렴진화는 생명이 주변 환경에 적응하며 진화할 때 선택지가 그다지 많지 않다는 것을 암시한다. 지구와 외계 행성의 환경에는 분명 큰 차이가 있을 것이다. 그러나 유사점도 적지 않을 것이다. 어떤 행성에 물로 가득 찬 바다가 있다면 그 모습이 지구의 바다와 크게 달라야 할 이유가 없다.

만약 그런 바다에서 고등 생명체가 등장했다면, 외적 모습은 지구의 물고기나 돌고래와 유사할 것이다. 그들에게도 렌즈와 오목한 망막이 있는 두 개의 눈이 있고, 유체 저항을 최소화할 수 있는 둥근 형태의 몸과 지느러미와 같은 유사한 기관도 있을 것이다. 외계 생명체를 직접 볼 기회가 있다면 많은 '기시감'을 느낄 가능성이 높다.

생물학자들의 연구에 따르면 수렴진화는 심지어 분자 단위에서도 발견된다. 외계에 생명체가 있다면 지구와 같이 탄소를 기반으로 했을 가능성은 거의 100퍼센트에 가깝다. 탄소는 우주에서 가장 흔한 원소 중 하나이고 탄소처럼 화학적 다양성과 안정성을 동시에 이끌어 낼 수 있는 원소는 없기 때문이다. 혹자는 규소 역시 탄소처럼 다양한 분자를 만들어 낼 수 있다는 점에 주목하지만, 규소 화합물은 대부분 탄소 화합물에 비해 안정성이 떨어진다는 결함이 있다. 소행성에서 발견되는 규소 화합물은 미네랄이나 유리 형태에 불과하다. 이는 우주 공간에서 합성된 규소 화합물의 다양성이 탄소 화합물에 비해 크게 떨어진다는 점을 보여준다.

중력이 전 우주에 보편적으로 작용하는 법칙이듯, 지구에서 적용되는 화학법칙이 외계에서 다르게 적용될 이유 또한 없다. RNA와 DNA와 같은 역할을 할 수 있는 분자들의 조합 방식에도 생명이 선택할 수 있는 방식은 매우 제한적일 가능성이 높다.

상상 가능한 외계인의 모습

지구 탄생 후 포유류가 등장하기까지 46억 년이라는 시간이 걸렸다. 그중 하나인 인간은 높은 지능과 자의식을 지니고 있다. 지능과 자의식은 인간에게만 있는 고유한 특성이 아니다. 돌고래에게도 높은 수준의 복잡한 언어 체계와 자각 능력이 있다. 문어 역시 보기와는 달리 매우 높은 지능과 자의식을 갖고 있음을 여러 연구가 보여준다.

이처럼 서로 다른 방식으로 진화해온 생명체에게 높은 문제 해결 및 자각 능력이 있다는 사실은 '지능과 자의식' 조차도 특정한 역사에 의존하는 고유한 현상이라기보다는 생명체에게서 보편적으로 발현될 수 있는 현상임을 보여준다. 인공지능 알파고가 이세돌을 바둑으로 이긴 사건이 보여주었듯, 심지어 지능이라는 기능은 기계로도 쉽게 구현이 가능하다.

그렇다면 외계의 고등 생명체 중 일부에서는 인간처럼 높은 지능이 발현되었으리라 기대하는 것은 너무나 당연하다. 만일 인간처럼 과학기술 문명을 성취한 외계인이 있다면, 과연 그들은 어떤 모습을 하고 있을까? 지구의 수렴진화 현상으로부터 우리는 다음과 같은 추측이 가능하다.

일단 그들은 돌고래처럼 바닷속에 살기보다는 인간처럼 지상에 거주하고 있을 것이다. 돌고래는 인간처럼 복잡한 언어를 구사하고 지역마다 사투리가 존재하며 심지어 다른 지역의 언어를 통역해주는 경우도 발견되는 등 매우 높은 지능을 가지고 있다.

하지만 돌고래가 미적분과 리만기하학을 사용하며 스마트폰을 개발하는 등의 과학기술 문명을 발전시킬 수 있을까? 아마 바닷속의 안락한 환경에서 도구를 사용하는 문명을 발달시키는 일이 그들에게는 불필요할 것이다. 혹은 돌고래가 입과 지느러미로 미켈란젤로에 버금가는 대리석 조각을 만들 수 있을까? 아쉽지만 그들의 생물학적 한계는 명백하다. 과학기술 문명의 실현을 위해서는 바다를 벗어나는 것이 훨씬 더 유리해 보인다.

지상에 사는 외계인이 존재할 수 있는 행성이라면, 그곳의 표면 중력이 지구보다 지나치게 크거나 작지 않을 것이다. 만일 표면 중력이 지구보다 훨씬 더 크다면 그만큼 많은 양의 물 분자가 행성 표면에 붙잡혀 있기에 전 행성이 바다로 뒤덮여 있을 가능성이 높다. 강한 표면 중력은 지표면을 평평하게 만들기 때문에 바닷물 위로 솟아난 봉우리나 섬도 별로 없을 것이다. 반면 표면 중력이 너무 낮으면 물 분자가 손쉽게 행성을 탈출하기에 화성처럼 전체가 사막이 되어버릴 가능성이 높다. 따라서 과학기술 문명을 성취한 외계인이 사는 행성의 표면 중력은 지구와 큰 차이를 보이지 않을 것이다.

또한 외계인들은 '적당한 크기의 몸'을 가졌을 것이다. 쥐처럼 작으면 정보처리에 충분할 만큼 큰 뇌를 담을 수 없고, 지나치게 커도 중력 때문에 충격에 따른 부상에 취약해진다. 에너지 효율의 관점에서도 공룡처럼 지나치게 큰 몸은 부담스럽다.

지상에 사는 문명인이라면 시각 정보를 활용하는 기능이 중요할 것이고 외계인에게도 분명 두 개의 '눈'이 있을 것이다. 지상의 대기 영역에서는 생존 가능성을 극대화하기 위해 음파를 통한 정보를 활용할 수 있어야 하므로 청각을 위한 '귀'도 필요하다. 귀가 하나라면 소리의 방향에 대한 정보를 얻기 어렵고 세 개 이상은 사치일 테니 그들의 귀도 두 개일 가능성이 높다. 위해한 음식으로부터 자신을 보호하기 위해서는 후각도 필요하기에 '코'와 유사한 기관도 있을 것이다. 이처럼 외부와의 커뮤니케이션을 위해 외계인에게는 인간처럼 눈, 귀, 코가 있을 것이다.

아무래도 울퉁불퉁한 지표면의 이동에는 바퀴 형태보

다는 '다리' 형태가 유리하고, 다리가 하나면 안정성이 부족하고 지나치게 많으면 뇌가 쉽게 과열되기에 인간처럼 에너지 효율에 가장 좋은 이족 보행을 할 가능성이 높다. 새처럼 날개가 있어 날아다니면 금상첨화겠지만, 이 경우 인간과 같이 유용한 팔이 발달할 가능성은 에너지 효율의 관점에서 낮아 보인다.

매우 솜씨가 뛰어난 '손' 역시 복잡한 도구를 사용해야 하는 문명인의 필수 요소일 것이다. 손이 말굽처럼 생겨서 손가락이 없다면 도구 문명이 세련되기 어렵다. 그들에게도 분명 손가락과 유사하거나 손가락을 대체할 수 있는 기관이 있을 것이다. 손가락의 정확한 개수는 추측하기 힘들지만 적어도 사물을 붙잡기 위해서는 두 개 이상이 필요하다. 지나치게 많으면 번거롭고 뇌에 과부하가 걸릴 것이므로 수십 개의 손가락을 주렁주렁 달고 있지도 않을 것이다.

이쯤 되면 대충 외계인의 모습이 그려진다. 표면 중력이 지구와 크게 다르지 않을 것이기에 힘도 인간에 비해 지나치게 세거나 약하지는 않을 것이다. 키도 인간에 비해 너무 작거나 크지도 않을 것이고 다리와 팔, 눈과 귀도 인간처럼 두 개에 코도 있을 것이다. 결국 인간의 모습과 많은 유사점이 있을 것이다.

만일 그렇다면 우리는 심지어 이런 가설을 세워볼 수도 있다. 여러 지적 생명체의 가능성 중에서 인간의 모습이야말로 과학기술 문명을 성취하기에 가장 최적화된 솔루션이라고. 지나치게 인간 중심적인 편견일까?

이 가설을 검증할 수 있는 방법에는 두 가지가 있다. 하나는 외계인과 직접 대면하는 것이다. 만일 그들의 모습이 인간을 닮았다면 이 가설을 지지하는 강력한 증거가 될 것이다. 또 다른 방법은 컴퓨터를 이용해 다양한 환경의 행성을 상정하고 그곳에서 진화를 통해 출현 가능한 다양한 지적 생명체의 모습을 시뮬레이션해보는 것이다. 물론 이런 시뮬레이션은 현재의 컴퓨터 성능으로는 불가능하기에 가까운 장래에는 실현될 가능성이 없어 보인다. 현재로서는 이 가설의 검증을 위해 언젠가 외계인이 지구를 방문해주기를 기다리는 수밖에는 다른 길이 없어 보인다.

새로운 문명을 맞이하기 위한 준비

또 다른 중요한 질문이 남아 있다. 과연 우리는 외계인과 소통할 수 있을까? 이를 넘어서 서로를 길들일 수 있을까? 우리가 세상을 인식하는 방식과 그들의 방식에는 어떤 공통점이 있을까? 아마 1 더하기 1은 2라는 사실은 외계 행성에도 보편적으로 적용될 수밖에 없으니 적어도 수학을 통한 소통, 혹은 과학적 합리성에 기반한 소통은 가능할 것이다.

그렇다면 '정서적' 소통은 어떨까? 그들에게도 연민, 공감, 슬픔, 사랑, 분노, 공포의 감정이 있을까? 영화 〈이티 E.T.〉에서와 같은 행성 간 경계를 넘는 우정은 현실성 있는 이야기일까?

만약 이런 감정들 역시 생물학적 진화의 산물이라면, 비슷한 진화 과정을 겪은 외계인들도 유사한 감정을 느낄 가능성이 높다. 예를 들어 고등 생명체일수록 유아기 시절 부모와 주변의 도움이 더 많이 필요하기에 부모-자식 간, 그리고 동족 간의 유착 관계 및 그에 따른 공감 능력 역시 생존에 필수적인 요소일 것이고 외계인에게도 이런 감정은 보편적으로 발견될 것이다. 이 경우 어쩌면 '사랑'과 같은 감정 역시 수렴진화의 예가 될 수 있을지도 모른다. 두려움, 분노, 폭력성과 같은 감정 역시 마찬가지일 것이다.

아마도 외계인과 교류할 때 고리타분한 수학적 암호나 풀며 양자역학을 논의하고만 있지는 않을 듯하다. 외국인이나 야생의 동물과 조우할 때와 마찬가지로 외계인과의 교류에서도 정서적 감정은 중요한 역할을 할 가능성이 높다. 외계인들도 낯선 이를 대할 때 느끼는 두려움을 우리를 볼 때 분명히 느낄 것이다. SF 영화에서 흔히 보듯 이 두려움이 폭력으로 이어진다면 최악의 상황일 것이다. 이런 이유에서 외계인들에게 우리의 존재를 알리는 일은 현명하지 않다고 생각하는 이들도 적지 않다.

우리는 지구를 침략하고 정복하는 외계인이라는 이미지에 지나치게 사로잡혀 있다. 미국의 천문학자 칼 세이건Carl Sagan은 그의 저서 『코스모스COSMOS』에서 유럽인들이 남아메리카의 원주민들을 학살한 예를 들며 외계인에 대한 두려움은 결국 인간의 원죄 의식을 반영함을 지적한다.

빅뱅 이후 오랜 기간에 걸쳐 형성된 별과 행성계, 그리고 그 안에서 탄생한 인간의 역사는 찬란한 문명만큼이나 폭력으로 점철되어 있다. 이런 과거는 인간 자신의 약함과 한계 내에서 외계인을 판단하고 두려움에 사로잡히게 한다. 이 두려움을 극복하지 못한다면 인류는 스스로도 지킬 수 없을 것이다. 앞서 드레이크 방정식을 언급할 때 다른 항목의 확률이 매우 높을지라도 외부와 통신 가능한 과학기술 문명의 지속 기간이 짧다면 외계인과 만날 수 있는 가능성이 거의 없다는 점을 지적한 바 있다.

지구인은 이제 겨우 100년 정도 외계인과 통신 가능한 문명을 유지해왔다. 과연 얼마나 더 오랫동안 이 문명을 지속할 수 있을까? 산업혁명 이전과 이후의 인류 역사를 비교해본다면 과학기술 문명의 발전이 얼마나 빠르게 가속하는지 쉽게 깨달을 수 있다. 과연 인류는 미래에도 자신을 감당할 수 있을까?

인류의 과학기술 문명은 불과 100년을 채우지도 못하고 1960~1970년대의 냉전 시대에 이미 사라질 수도 있었다. 다행히 핵전쟁의 위협은 극복했지만, 하루가 다르게 지구의 풍경을 바꾸고 있는 지구온난화는 인류를 또 다른 시험대에 올려놓고 있다. 이 문명을 1000년, 혹은 1만 년 이상 유지하기 위해 필요한 것은 무엇일까? 답은 분명해 보인다. 과학기술의 '힘'을 갖췄을 뿐 아니라 힘을 통제하며 자연 및 타인과 공존하는 '지혜'를 갖춘 성숙함일 것이다.

'시간'은 이런 의미에서 많은 것을 암시한다. 항성 간의 여행은 쉽지 않은 일이다. 우리 인류는 아직 지구에서 가장 가까운 외계 행성을 방문할 만한 능력을 갖추지 못했다. 우리 은하를 벗어나 다른 은하를 방문하는 일은 더더욱 꿈 같은 일이다. 항성 간 여행을 자유자재로 할 수 있을 정도의 과학기술 문명을 이루기 위해 얼마나 더 많은 시간이 필요한지는 현재로서는 가늠하기 어렵다. 한 가지 분명한 것은 아주 오랜 시간이 필요하다는 것이다.

만일 지구를 방문하는 외계인이 그런 문명을 1000년 이상 지속해왔다면, 그 오랜 '시간'이 주는 무게에 걸맞은 성숙함을 갖추었으리라 기대해도 좋을 것이다. 우리가 그들과의 만남을 두려워할 이유가 있을까?

아마 외계인을 만날 때 우리의 감정은 낯선 이방인을 대할 때 갖는 느낌과 비슷하지 않을까 싶다. 처음에는 두렵고 경계하지만, 그들은 결코 괴물이 아니라 우리와 그다지 다르지 않다는 것을 깨닫고 안도할 것이다.

이런 의미에서 인종, 성별, 성적 지향, 성 정체성, 세대, 환경 등의 문제로 현재 사회에서 겪는 다양한 갈등을 마주할 때 우리가 과연 지금 외계인을 만날 자격이 있을까라는 질문을 하게 된다. 어쩌면 외계인이 아직 우리를 방문하지 않은 이유는 우리가 준비될 때를 기다리고 있기 때문일지도 모른다.

Q 묻고
답하기 A

빅뱅이나 지구의 유기분자에 관한 연구를 확립된 이론으로 받아들여도 무방한가?

빅뱅이 왜 발생했는지에 대해 우리는 여전히 알지 못한다. 그러나 빅뱅이라는 현상이 있었다는 것 자체는 현재로서는 더 이상 반박이 어려운 과학적인 사실로 확립되었다. 빅뱅을 입증하는 증거가 너무나 압도적으로 이를 뒷받침하고 있기 때문이다.

그렇지만 초기 지구의 유기분자가 소행성이나

혜성을 통해 유입되었다는 가설은 아직 일반화된 것은 아니다. 소행성이 지구와 충돌할 때 충돌이 만든 에너지가 새로운 유기분자의 합성을 도왔을 가능성도 있다.

다만 소행성과 혜성에서 유기분자들이 많이 발견된다는 점, 심지어 엔셀라두스 같은 토성의 위성에서도 유기분자가 발견된다는 사실로부터 우리는 우주 공간에 이미 지구가 형성되기 전부터 많은 양의 유기분자가 존재했음을 미루어 알 수 있다. 따라서 초기 지구에도 상당량의 유기분자가 외부에서 유입되었다는 가설은 상당히 설득력 있어 보인다.

물론 외부에서 유입된 유기분자는 글리신처럼 상대적으로 단순한 형태의 분자일 것이고, RNA처럼 훨씬 더 복잡한 분자들의 합성은 다양한 분자들의 활발한 화학반응이 가능한 심해와 같은 환경에서 이루어졌을 것이다. 이때 그 환경을 마련해주는 물이 외부에서 유입되었다는 사실은 확실시되고 있다.

우주는 계속 팽창하고 있는가? 우주가 점으로 모이는 상황도 발생 가능한가?

우주가 영원히 팽창할지 다시 수축해 한 점으로 모이게 될지 여부는 아직 열린 질문이다. 현재의 관측에 따르면 우주는 가속적으로 더 빨리 팽창하는 것처럼 보인다. 이처럼 우주의 팽창이 가속되는 이유는 소위 말하는 암흑에너지에 의한 것으로 추정된다. 암흑에너지의 실체를 아직 잘 알지 못하기에 현재로서는 가속 팽창이 영원히 지속될지, 아니면 어느 시점에서 멈추고 우주가 다시 수축할지의 여부는 단정적으로 말하기 어렵다.

현대 과학의 발전을 이끄는 과학적 동기는 무엇인가?

현대 과학은 빅뱅, 중력파, 블랙홀, 힉스입자의 발견과 같은 위대한 성취를 이루었지만, 미지의 영역이 여전히 많이 남아 있다. 예를 들어 생명은 이 우주에서 얼마나 보편적인가라는 질문에는 이제 겨우 걸음마를 떼고 있을 뿐이다. 외계 생명을 찾기 전까지는 이 질문에 제대로 답할 수 없다.

또 다른 흥미로운 주제는 의식이다. 의식의 정체는 무엇이고 어떤 조건에서 발현될 수 있을까? 인공지능을 통해 의식을 구현하는 것이 가능할까? 이 질문 역시 아직 가보지 못한 영역이다. 암흑물질의 정체에 관해서도 존재를 암시하는 관측이 이루어진 지 50여 년이 지났지만 무지한 상태로 머물고 있다. 최근의 천문학적 발견이 암시하는 암흑에너지의 실체 역시 미스터리로 남아 있다.

더 나아가 빅뱅의 궁극적인 원인이 무엇인지, 우리 우주가 아닌 또 다른 우주가 존재하는지, 우주의 궁극적인 실체는 무엇인지 등의 질문에 답하기 위해서는 또 얼마나 많은 시간이 필요할지 가늠하기 어렵다. 아마 인류가 생존하는 한 이런 과학적 질문은 결코 멈추지 않을 것이다. 새로운 발견은 항상 새로운 질문을 낳기 때문이다.

나가는 글

우주의 한계와 가능성을 찾아서

세계를 떠들썩하게 만든 큰 천문학적 발견들이 최근 들어 여럿 있었다. 2016년에는 아인슈타인의 일반상대성이론이 예측한 중력파가 처음으로 검출되었다. 이 중력파는 두 개의 블랙홀이 병합할 때 발생한 것이다. 2017년에는 두 개의 중성자별이 병합할 때 발생한 밝은 빛과 중력파가 동시에 발견되었고, 천문학의 오랜 난제였던 금이나 백금과 같은 중금속의 기원에 관해 중요한 실마리를 던져주었다. 2019년에는 전파천문학자들이 최초의 블랙홀의 사진을 공개하기도 했다.

이 모두가 경이로운 일이지만, 우주에서 발생한 가장 흥미로운 현상은 뭐니 뭐니 해도 생명일 것이다. 138억 년 우주의 역사를 추적할 때 우리는 중력, 전자기력 등과 같은 자연법칙들이 블랙홀 같은 비교적 단순한 현상뿐 아니라 생명의 가능성, 심지어 의식의 가능성까지 내포하고 있었다는 사실을 새삼스럽게 깨닫게 된다.

하지만 이 가능성이 온전히 발현되기 위해서는 수많은 시간과 사건들이 필요했다. 생명과 의식은 특정한 조건에서만 발생하는 현상이기 때문이다. 특히 고등 생명으로 갈수록 더욱 그렇다.

예를 들어 지구의 자전축을 조석력을 통해 안정적으로 붙잡아주는 달은 45억 년 전 지구가 또 다른 행성과 충돌할 때 만들어진 파편들이 모여 형성되었다고 추측된다. 6500만 년 전 공룡이 멸종하고 포유류가 번성하게 만든 계기였던 지구와 혜성의 충돌 역시 역사의 예측 불가능성을 보여주는 또 다른 사례다.

인간의 특정 모습을 영원한 본질로 규정하고 그 틀에 맞지 않는 모습이 발견되면 죄, 타락, 혹은 합목적성에서 벗어난 것으로 이해하던 과거의 구습은 수많은 억압과 비극의 근원이었다. 하지만 별 먼지인 인간의 많은 측면은 역사의 여러 특수한 상황에 의해 결정된 것이다. 물론 수렴진화는 생명에도 보편성이 존재함을 보여주고 있고, 이 사실로부터 생명에도 결국 목적이 있고 인간의 모습에도 선험적 본질이 있다고 말할 수도 있지 않느냐고 질문을 던질 수 있다. 그렇지 않다. 수렴진화는 주어진 자연환경에 최적화된 생물학적인 기관이 발현되었다는 것을 말해줄 뿐 거기에 선험적 목적이 관여한 것은 아니다. 예를 들어 진화의 관점에서 인류의 손가락이 정교하게 발달한 이유 중 하나는 인류의 조상이 나무를 타고 다니던 시절 생존에 유리했기 때문이다. 그렇다고 해서, 손가락은 나무 타기를 위한 목적으로 만들어졌기 때문에 손가락으로 피아노를 치거나 조각 작품을 만드는 것은 자연의 섭리에 어긋난 일이라고 말할 수 있는가? 생체 기관이 활용되는 방식은 특정 목적을 위해 고정되어 있지 않고 그래야 할 이유도 없다.

인간이 역사적 존재라는 사실은 우리의 미래 역시 미리 정해진 질서에 구속받지 않고 열려있음을 의미한다. 우리는 우주의 광대함에 압도되어 우주의 끝이 어디인가를 종종 묻곤 한다. 하지만 우리를 더 설레게 하는 질문은 이것이다. 과연 우주가 내재하고 있는 수많은 가능성들의 한계는 무엇인가?

환경에 수동적으로 적응해왔던 다른 생명체들과는 달리 인간은 이제 자신의 진화의 방향을 능동적으로 선택할 수 있는 위치에 있다. 인간의 역사도 우주 역사의 일부이며 인간의 모든 활동은 이 한계를 시험하고 있는 과정이다. 앞에 놓인 여러 가지 중요한 갈림길에서 인간이 택하는 여러 가지 선택이 전에는 볼 수 없었던 새로운 현상으로 이어질 것이기 때문이다.

저 밖의 밤하늘에서도 우리는 여전히 이 한계를 찾고자 구석구석을 헤매고 있다. 외계에서 발견될 생명의 다양성은 우리 지구에서 관찰된 것에 비해 과연 얼마나 더 광대할까? 지구에서 발견되는 생명의 보편성은 외계에서도 여전히 적용될 수 있을까? 인간보다도 더 경이로운 현상이 저 우주 어디에선가 일어날 수도 있을까? 그리고 이렇게 이어지는 질문은 과연 어디에서 멈출 수 있을까?

주석

1. 방탄소년단 〈DNA〉 가사 인용, KOMCA 승인필.

2. 존 헨리 저, 노태복 역, 『서양과학사상사』, 책과함께, 2013, 21쪽.

3. 윌 듀란트 저, 황문수 역, 『철학 이야기』, 문예출판사, 1996, 59쪽.

4. 스윗소로우 〈GRB080913〉 가사 인용, KOMCA 승인필.

참고문헌

1. 스티븐 와인버그 저, 신상진 역, 『최초의 3분』, 양문, 2005.

2. 칼 세이건 저, 홍승수 역, 『코스모스』, 사이언스북스, 2006.

3. Alpher R. A., Bethe H., Gamow G., 1948, *The Origin of Chemical Elements*, Physical review, Vol. 73, Issue 7, pp. 803~804.

4. Alpher, R. A., Herman, R. C., 1948, *On the Relative Abundance of the Elements*, Physical Review, Vol. 74, Issue 12, pp. 1737~1742.

5. Atkinson R. D. E., Houtermans F. G., *Zur Frage der Aufbaumöglichkeit der Elemente in Sternen*, Zeitschrift für Physik, Vol. 54, Issue 9~10, pp. 656~665.

6. Auguste Comte, *Cours de Philsophie Positive*. 1842.

7. Bon-Chul Koo, Yong-Hyun Lee, Dae-Sik Moon, Sung-Chul Yoon, John C. Raymond, 2013, *Phosphorus in the Young Supernova Remnant Cassiopeia A*, Science, Vol. 342, Issue 6164, pp. 1346~1348

8. Burbidge E. M., Burbidge G. R., Fowler W. A., Hoyle F., 1957, *Synthesis of the Elements in Stars*, Reviews of Modern Physics, Vol. 29, Issue 4. pp. 547~650.

9. Friedmann, A., 1922, *Über die Krümmung des Raumes(On the Curvature of Space)*, Zeitschrift für Physik, Vol. 10, Issue 1, pp. 377~386.

10. Friedmann, A., 1924, *Über die Möglichkeit einer Welt mit konstanter negativer Krümmung des Raumes(On the Possibility of a World with Constant Negative Curvature of Space)*, Zeitschrift für Physik, Vol. 21, Issue 1, pp.326~332.

11. Hubble, E., 1929, *A Relation between Distance and Radial Velocity among Extra-Galactic Nebulae*, Contributions from the Mount Wilson Observatory, Vol. 3, pp.23~28.

12. Jeong-Eun Lee, Seokho Lee, Giseon Baek, Yuri Aikawa, Lucas Cieza, Sung-Yong Yoon, Gregory Herczeg, Doug Johnstone, Simon Casassus, 2019, *The ice composition in the disk around V883 Ori revealed by its stellar outburst*, Nature Astronomy, Vol. 3, Issue 4, pp. 314~319.

13. Lemaître, G., 1927, *Un Univers homogène de masse constante et de rayon croissant rendant compte de la vitesse radiale des nébuleuses extra-galactiques*, Annales de la Société Scientifique de Bruxelles, A47, pp. 49~59.

14. Lemaître, G., 1931, *The Beginning of the World from the Point of View of Quantum Theory. Nature*, Vol. 127, Issue 3210, p. 706.

15. Marc Rafelski et al., 2012, *The Astrophysical Journal*, Vol. 755, Issue 89, 2012.

16. Morris, Simon Conway, 2003, *Life's Solution: Inevitable humans in a lonely universe,* Cambridge University Press.

17. Payne C., 1925, *Stellar Atmospheres; a Contribution to the Observational Study of High Temperature in the Reversing Layers of Stars*, Harvard College Observatory, 1925.

18. Penzias, A. A., Wilson, R. W., 1965, *A Measurement of Excess Antenna Temperature at 4080 Mc/s.*, The Astrophysical Journal, Vol. 142, pp. 419~421.

19. Yinon M. Bar-On, Rob Phillips, Ron Milo, 2018, *The biomass distribution on Earth*, Proceedings of the National Academy of Sciences of the United States of America, Vol. 115, Issue 25, pp. 6506~6511.

KI신서 8899

우리는 모두 별에서 왔다

1판 1쇄 발행 2020년 1월 29일
2판 1쇄 발행 2022년 8월 20일

지은이 윤성철
펴낸이 김영곤
펴낸곳 ㈜북이십일 21세기북스

서가명강팀장 강지은 **서가명강팀** 이지예
디자인 this-cover.kr
출판마케팅영업본부장 민안기
마케팅2팀 나은경 정유진 박보미 백다희
출판영업팀 최명열
제작팀 이영민 권경민

출판등록 2000년 5월 6일 제406-2003-061호
주소 (10881) 경기도 파주시 회동길 201 (문발동)
대표전화 031-955-2100 **팩스** 031-955-2151 **이메일** book21@book21.co.kr

㈜북이십일 경계를 허무는 콘텐츠 리더

21세기북스 채널에서 도서 정보와 다양한 영상자료, 이벤트를 만나세요!
페이스북 facebook.com/jiinpill21   **포스트** post.naver.com/21c_editors
인스타그램 instagram.com/jiinpill21   **홈페이지** www.book21.com
유튜브 youtube.com/book21pub

서울대 가지 않아도 들을 수 있는 명강의! <서가명강>
유튜브, 네이버, 팟캐스트에서 '서가명강'을 검색해보세요!

ⓒ 윤성철, 2020

ISBN 978-89-509-8581-3 04300
     978-89-509-7942-3 (세트)

책값은 뒤표지에 있습니다.
이 책 내용의 일부 또는 전부를 재사용하려면 반드시 ㈜북이십일의 동의를 얻어야 합니다.
잘못 만들어진 책은 구입하신 서점에서 교환해드립니다.